Der Torsionsindikator

III.

Die physikalische Materialänderung als Mittel zur Verdrehungsmessung. Die mechanischen Leistungszähler. Die Verdrehungsschwingungen der Wellen. Die Eichung der Wellen. Untersuchung über den Einfluß einer Axialbelastung auf den Gleitmodul bei Drehung.

Von

Dr.-Ing. Paul Nettmann

Mit 65 Abbildungen

BERLIN W.

VERLAG VON M. KRAYN

1923

Rosenthal & Co., Berlin NW. 21

Inhaltsübersicht.

Die vorübergehenden physikalischen Materialänderungen als Verdrehungsanzeige.

Es sei vorweggenommen, daß im Folgenden nicht die Ergebnisse direkter Versuche, die Verdrehung aus den vorangegangenen Materialänderungen zu bestimmen, gegeben werden, sondern daß es sich um die Anbahnung eines Weges zu diesem Ziele handelt, gestützt auf die Erfahrungen, die Beobachter auf verwandten Gebieten gemacht haben.

Ein sehr interessanter Versuch von Brown [1]), der seinem Wesen nach unter dieses Kapitel fällt, sei hier zuerst eingeschaltet, um zu zeigen, daß es bei magnetischen Körpern Vorgänge gibt, die einen Rückschluß auf den Spannungszustand der erwähnten Körper zulassen.

Es handelt sich um den folgenden Versuch: Ein Eisendraht *BC*, wie in Fig. 1 gezeigt, wird vertikal aufgehängt. Derselbe ist in *B* gegen seine Aufhängung isoliert, und so befestigt, daß er eine Verdrehung erleiden kann, ohne sich in seiner Fassung zu drehen. Der Draht *B C* selbst ist an seinem unteren Ende mit einem runden Gewicht *V* belastet, während das Ende *C* in ein Gefäß mit Quecksilber taucht. Das obere Ende *B* des Drahtes ist mit einem Ballistischen Galvanometer *B. G.* leitend verbunden. Von letzterem geht eine Leitung über einen Taster K_2 zu dem Quecksilbergefäß bei *C*. *E* ist ein Erdinduktor, der dazu dient, die Anzeigen des Ballistischen Galvanometers *B. G.* zu prüfen.

Um seitliche Pendelungen des Gewichtes *V* zu vermeiden, erhält dasselbe durch den hölzernen Umbau *F* eine Führung. *F* trägt an seiner oberen Fläche eine in Grad eingeteilte Skala. Das Gewicht *V* ist mit einem Doppelzeiger *P* versehen, der mit Hilfe der Skala gestattet, die Drehbewegungen des Gewichtes *V* bezw. die entsprechende Verdrehung des Drahtes *C B* festzustellen, und zur

[1]) Brown, Mechanical Stress and Magnetisation of Iron. Sc. Proc. Roy. Dub. Soc. 1909. Pt. I Feb. 23. P. 101, Pt. II April 20. P. 175.

Prof. Brown (Royal College of Science, Dublin) dehnt, privaten Mitteilungen gemäß, seine Untersuchungen auf die Metalle Nickel und Kobalt aus.

gleichen Zeit als Handhabe bei der Einstellung einer gewissen Verdrehung diente.

Da der Draht *B C* lotrecht aufgehängt ist, befindet er sich in der vertikalen Komponente des erdmagnetischen Feldes.

Wird dem Gewicht *V* eine Drehung erteilt, so wird in dem Draht *B C* ein Strom [2]) erzeugt, der vom Ballistischen Galvanometer zur Anzeige gelangt.

Läßt man das Gewicht *V* ausschwingen, d. h. führt das System

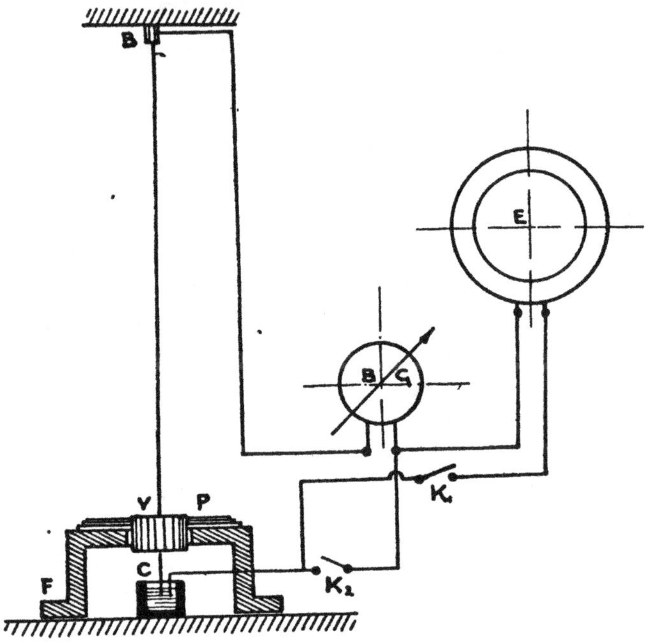

Fig. 1.

eine Torsionsschwingung aus, so nimmt für jeden Ausschlag von *V* das Galvanometer *B. G.* eine entsprechende Stellung ein.

Wird im besonderen die Verdrehungslänge des Drahtes *B C* und das Gewicht von *V* so gewählt, daß die Eigenschwingungszeit von dem Drahtsystem mit der des beweglichen Teiles des Galvanometers *B. G.* übereinstimmt [3]), so tritt Resonanz ein, d. h. die in *B C*

---

[2]) Der Strom war, wenn das Gewicht in Bezug auf einen vor dem Apparat stehenden Beobachter von links nach rechts gedreht wurde, nach unten gerichtet.

[3]) Dieses ist ein Fall, in dem die Darlegungen der Fußnote 10, S. 8 Bd. II ganz besonders zutreffen, da die Trägheit der Drahtmassen fast gegen die des Gewichtes verschwindet.

Bezeichnet *T* die Schwingungsdauer der Galvanometerspule, l_r das

erzeugten Ströme treten im Takt mit den Galvanometerschwingungen auf.

Während der Torsionsschwingungen wurde deren Größe und der Ausschlag des Galvanometers *B. G.* festgestellt.

Brown erhielt bei einem solchen Versuch die in Fig. 2 dargestellten Ergebnisse.

Aus Fig. 2 ersieht man, daß für einen Ausschlag des Gewichtes

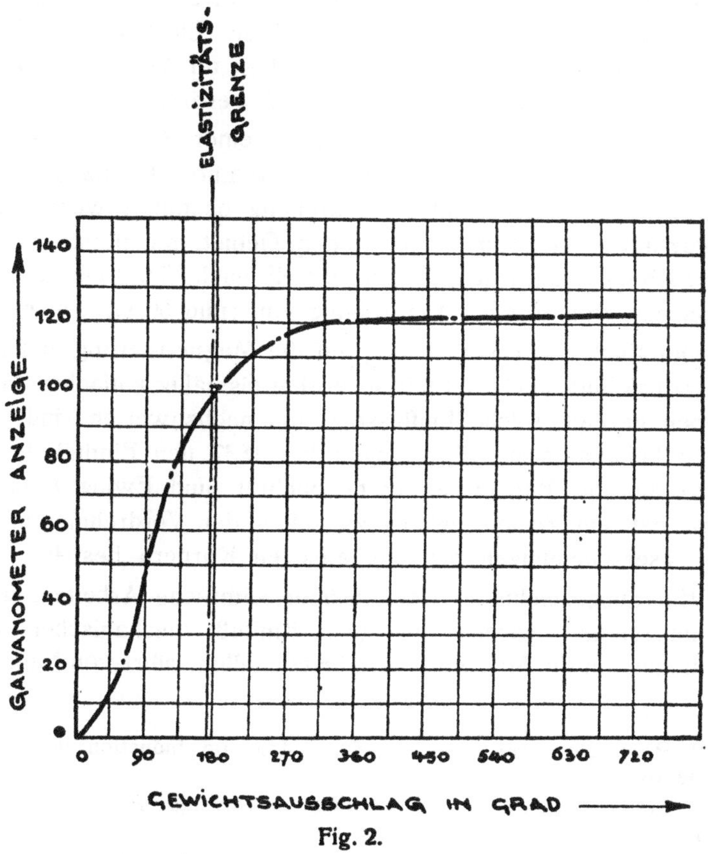

Fig. 2.

Trägheitsmoment des Gewichts bezogen auf die Drahtachse und G der Elastizitätsmodul und I das polare Trägheitsmoment des Drahtquerschnittes, so ist nach Fußnote 10, S. 8 Bd. II die nötige Resonanzlänge ausgedrückt durch

$$L = GT^2 \frac{I_p}{I_r}.$$

Bei Brown's Anordnung hatte die Galvanometerspule eine Periode von 3,69 Sekunden. Ein Eisendraht von 1,651 ⌀ und 227 cm Länge mit einem Gewicht von rd. 6000 gr. hatte dieselbe Periode.

von 180 Gr. die Galvanometeranzeigen sehr steil ansteigen, und zwar ist für 90 Gr. Gewichtsausschlag die Galvanometeranzeige 50 und für 180 Gr. ist sie 100. Von einer Ausschlagzunahme von 180 Gr. bis 360 Gr. nimmt die Galvanometeranzeige um nur 20 zu, d. h. von 100 steigt sie auf 120. Für Ausschläge über 360 Gr. hinweg nimmt die Galvanometeranzeige unmerklich zu, um schließlich angenähert horizontal zu verlaufen.

Das eigentümliche Verhalten des Drahtes über 180 Gr. Verdrehung hinaus erklärt sich daraus, daß die Elastizitätsgrenze des Drahtes gerade in der Nähe von 180 Gr. lag; für Verdrehungen über 180 Gr. hinaus wurde der Draht bleibend verdreht.

Man sieht also, das Vorhandensein einer Kurve nach Fig. 2 vorausgesetzt, daß aus den jeweiligen Galvanometeranzeigen sofort die Größe der entsprechenden Verdrehung bestimmt werden kann, und zwar mit größter Genauigkeit in dem Gebiet, in dem nur elastische Beanspruchungen auftreten; so würde z. F. nach Fig. 2 eine Galvanometeranzeige von 20 einer Verdrehung von rund 60 Gr. entsprechen.

Der Einfluß der Verdrehung auf die Magnetisierung und umgekehrt ist bekannt, doch daß mit so verhältnismäßig einfachen Mitteln, wie oben gezeigt, solche Einflüsse schon nachzuweisen sind, dürfte weniger bekannt sein. Wiedemann hat 1837 den Einfluß der Verdrehung auf die Magnetisierung beobachtet, und Ewing [4]) hat 1883 gezeigt, daß ein Zusammenhang zwischen der Verdrehung und den Hysteresiserscheinungen bei magnetischen Körpern besteht.

Ein ausgezeichneter Bericht über sämtliche Arbeiten, die bis 1900 ausgeführt wurden, um den Einfluß mechanischer Beanspruchungen auf die Magnetisierung festzustellen, rührt von Nagaoka [5])

[4]) Proc. Roy. Soc. London 1883; Magnetic Induction in Iron and other metals.

[5]) Rapports du Congrès International de Physique Paris, 1900, Vol. II, P. 536 f.

. Von Nagaoka stammt auch eine sehr schöne Methode her, um einem größeren Zuhörerkreise deutlich zu zeigen, daß Körper bei der Magnetisierung ihre Abmessungen ändern, die wert ist, hier erwähnt zu werden.

Da die nachzuweisenden Größen naturgemäß verschwindend klein sind, schlägt Nagaoka prinzipiell den folgenden Weg ein.

Die Bewegungen des Körpers werden einem Plättchen mitgeteilt, welches in die Mitte eines mit Quecksilber gefüllten Gefäßes taucht. Die geringen Bewegungen desselben genügen, um Wellen über die Oberfläche des Quecksilbers hinweg zu schicken, die bei episkopischer Projektion derselben besonders deutlich hervortreten

her; Gray und Wood [6]) haben besonders die Abklingungsgeschwindigkeiten von Verdrehungsschwingungen an magnetischen Körpern im magnetischen Felde studiert.

Es erscheint nicht unmöglich, etwa auf dem folgenden Wege die Verdrehungsschwingungen einer Welle nachzuweisen.

A in Fig. 3 stelle ein langes Wellenstück dar. Die angegebenen Pfeile mögen die horizontalen Kraftlinien des Erdfeldes darstellen. An die Welle sind zwei Kontaktbürsten *B B* angelegt. Führt die Welle während ihrer Rotation eine Verdrehungsschwingung aus, so

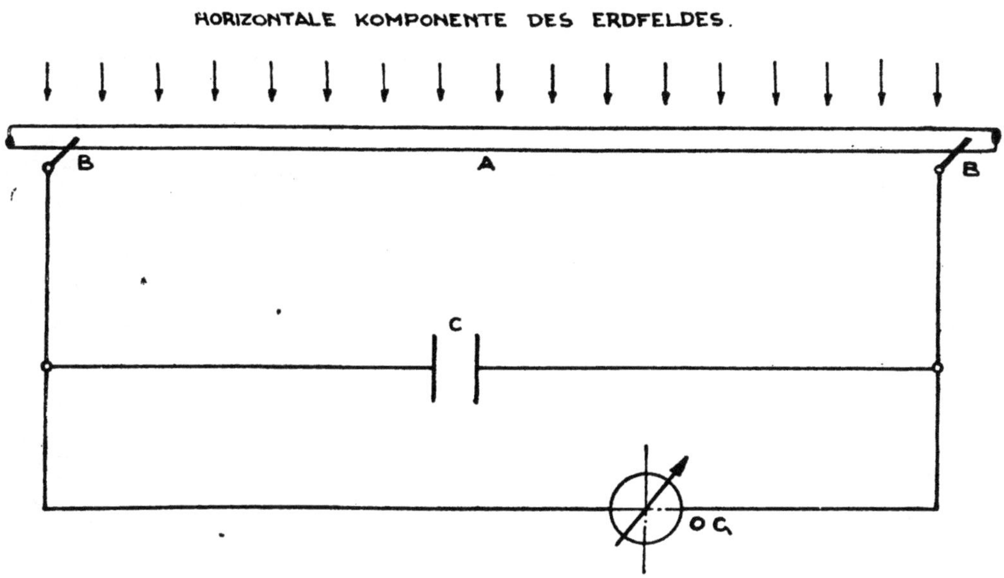

Fig. 3

werden in derselben Ströme entstehen, die von einem Oscillographen oder einem empfindlichen Spiegelgalvanometer *O G*, das mit den Bürsten *B* leitend verbunden ist, aufgenommen werden. Die Parallelschaltung eines Kondensators *C* scheint im Interesse der Beseitigung

[6]) „On the Effect of a Longitudinal Magnetic Field on the internal Viscosity of Nickel and Iron, as shown by change of the Rate of Subsidence of Torsional Oscillations."

„On the Effect of a Magnetic Field on the Rate of Subsidence of Torsional Oscillations in Wires of Nickel and Iron and the Changes produced by Drawing and Annealing."

Proc. Roy. Soc. Vol. LXXIII P 286 f.

etwaiger Störungen durch Kontaktänderungen der Bürsten *B* empfehlenswert zu sein [7]).

Zu sehr interessanten Ergebnissen müßte eine Untersuchung führen, bei der in einer langen dünnen Welle Torsionsschwingungen erregt würden, deren Verlauf genau festläge und entweder mechanisch oder rechnerisch analysiert werden könnte. Würde man dann den Stromverlauf bei einer Schaltung wie in Fig. 3 elektrisch analysieren, so müßte sich aus einem Vergleich der Analysen ein Zusammenhang zwischen den Torsionsschwingungen und den Stromstößen ergeben.

Das schwache Erdfeld findet hier Anwendung, weil die durch

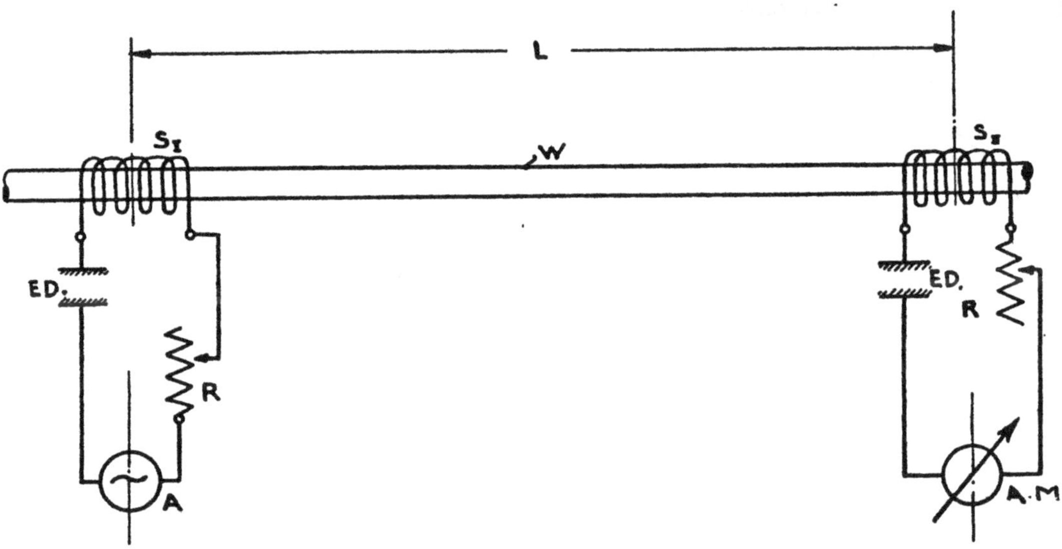

Fig. 4.

die Verdrehung erregten Ströme in schwachen magnetischen Feldern ihre größten Werte erreichen.

Wir gehen jetzt dazu über, zu zeigen, wie es möglich erscheint, festzustellen, welcher Zusammenhang zwischen den magnetischen Eigenschaften eines Körpers und seiner Verdrehung besteht. Es

---

[7]) Am geeignetsten erscheint für diese Art Untersuchung die Verwendung von massenlosen Oscillographen (siehe diese a. a. O.). Saiten-Galvanometer oder Oscillographen nach Edelmann (München) können hier auch mit Vorteil Verwendung finden.

Der Kondensator in Fig. 3 kann übrigens auch dazu dienen, die Selbstinduktion des Galvanometerstromkreises, falls diese stören sollte, zu beseitigen (vergl. Fußnote 59, Seite 71 Band II).

kommen zu diesem Zwecke alle Methoden zur magnetischen Durchlässigkeitsmessung in Betracht.

Im Folgenden sollen jedoch nur einige Methoden, die für diese Art Untersuchungen besonders geeignet erscheinen, Erwähnung finden.

Transformator-Methode.

Fig. 4 zeigt eine lange dünne Welle W, die an möglichst weit voneinander entfernten Enden zwei Spulen S_I und S_{II} trägt. Die gegenseitige Entfernung der Spulen S_I und S_{II} ist in Fig. 4 mit L bezeichnet. S_I ist mit einem Wechselstromerzeuger A und einem Widerstand R verbunden; die Leitung kann bei E geerdet sein. S_I bildet den Primärkreis eines Kerntransformators, dessen Kern die Welle selbst bildet. S_{II} bildet den sekundären Stromkreis und enthält den Widerstand R und das Ampèremeter $A\,M$.

Um zu vermeiden, daß bei spannungsloser Welle schon ein Strom von $A\,M$ angezeigt wird, kann ein Induktionskreis Verwendung finden, wie er beispielsweise in der Schaltung Fig. 16 Seite 39 Band I oder Fig. 23 Seite 50 Band I vorgeschlagen wurde.

Wird die Welle von außen einer kleinen Verdrehung ausgesetzt, so finden die Kraftlinien, die in der Welle zu- und abnehmen, größere Widerstände vor, als bei spannungsloser Welle, und der Wirkungsgrad der Anordnung wird herabsinken, d. h. der Zeiger von $A\,M$ wird eine entsprechende Verschiebung erleiden.

Damit andere Einflüsse (Erwärmung der Welle durch Hysteresis-Verluste usw.) nicht zu Störungen Anlaß geben, wird es angebracht sein, mit sehr kleinen Wechselzahlen und sehr schwachen Strömen bezw. magnetischen Kraftflüssen zu arbeiten. Wird dann die Länge L noch besonders groß gewählt, so scheint es, daß unter diesen Bedingungen ein gutes Gelingen des Versuches gegeben ist.

Zu bemerken ist noch, daß nicht die geringste Bewegung in der gegenseitigen Lage der Spulen oder der Welle zu diesen eintreten darf, da die Ströme, die solche Bewegungen bedingen, vollkommen dazu genügen können, Täuschungen hervorzurufen oder wirkliche Erscheinungen zu verschleiern. Es darf sich also nur um eine kleine Verdrehung handeln. Im allgemeinen wird es nicht ratsam sein, zur Erzeugung der Verdrehung mit Gewichten belastete Hebel heranzuziehen; es erscheint vielmehr vorteilhafter, die Hebel mittelst Schrauben zu verschieben. Auch muß auf die Lagerung des Verdrehungsstückes die größte Sorgfalt verwandt werden.

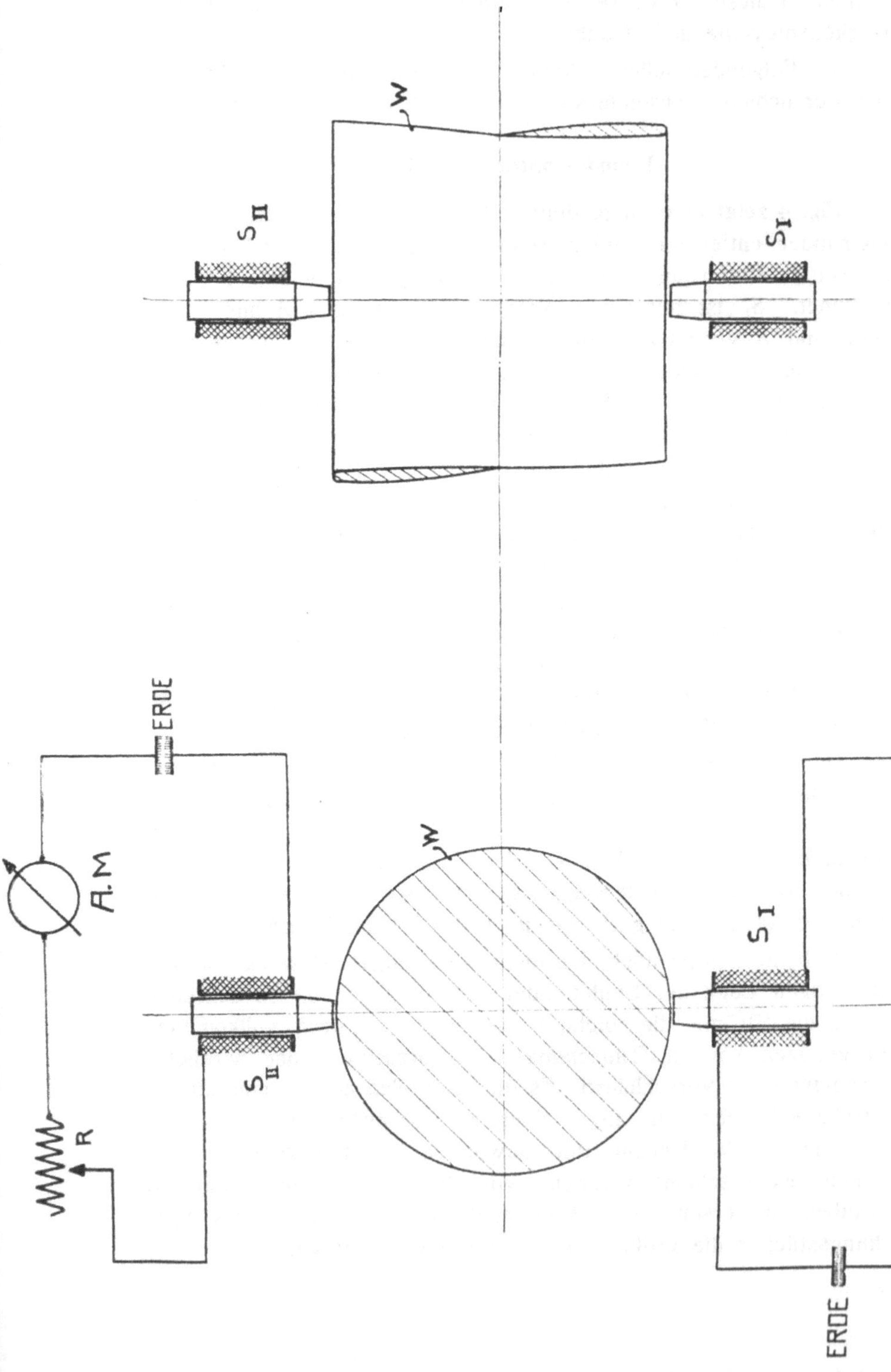

W
S_{II}
S_I
ERDE
A.M
R
A
ERDE

Diese Vorsichtsmaßregeln ergeben sich aus einigen Versuchen, die Verfasser selbst in dieser Richtung unternommen hat. Hierbei waren die zur Verfügung stehenden Mittel solch einfacher Art, daß es mit Hilfe derselben rein unmöglich erschien, zu einwandfreien Ergebnisse zu gelangen. Eine Abänderung der obigen Methode ist in Fig. 5 dargestellt. Der Kraftlinienfluß erfolgt hier nicht wie in Fig. 4 längs der Welle, sondern quer zu derselben, wie aus Fig. 5 leicht ersichtlich. Da die Bezeichnungen der Fig. 5 mit denen der Fig. 4 genau übereinstimmen, bedarf letztere keiner weiteren Erklärung.

Andere Methoden, die hier in Betracht kommen könnten, wären durch geringfügige Änderungen an den schon erwähnten Apparaten von Hughes und anderen leicht zu schaffen.

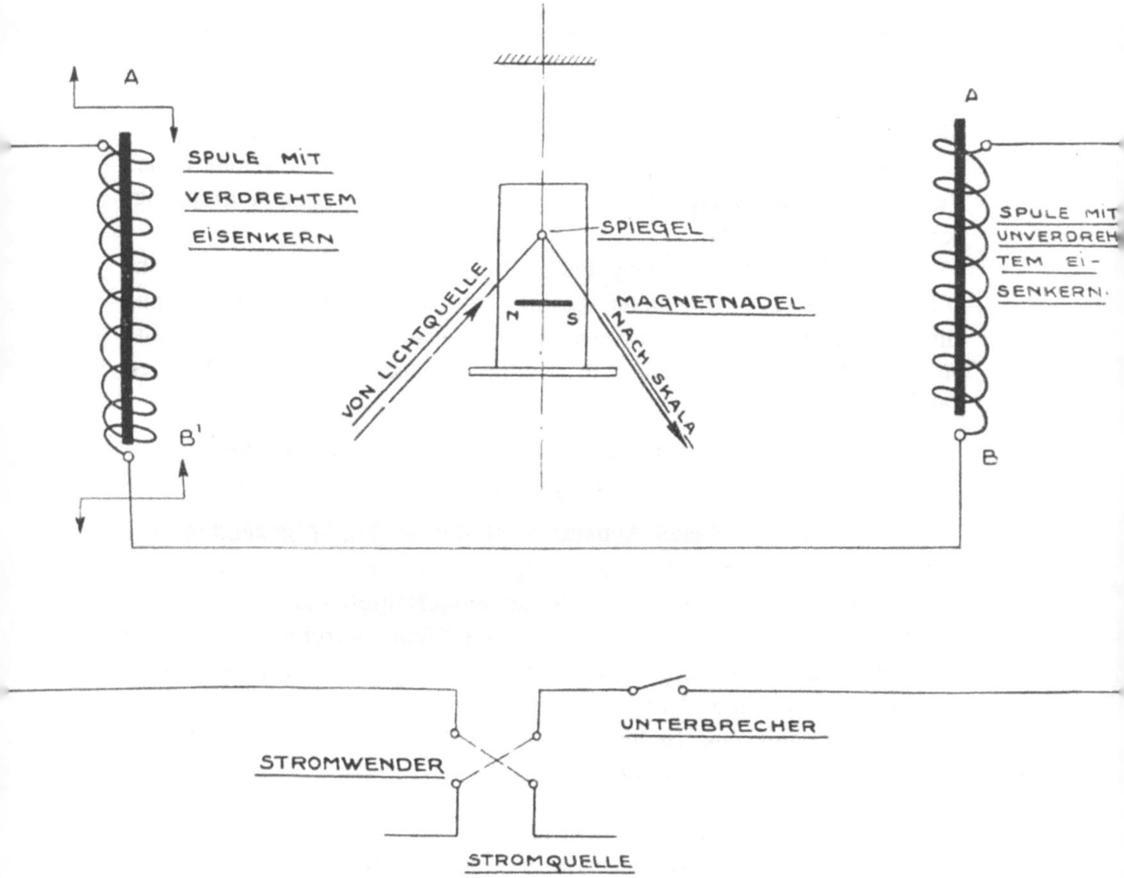

Fig. 6.

Differenzmethode.

Eine ebenso einfache wie empfindliche Anordnung läßt sich nach Fig. 6 treffen [8]).

Zwei entgegengesetzt gewickelte Spulen werden einer geschützt aufgehängten Magnetnadel *N S* gegenüber, wie in Fig. 6 angedeutet, angebracht. Dieselben sind hintereinandergeschaltet und an eine Stromquelle geschlossen. Außerdem enthält die Leitung einen Unterbrecher und einen Stromwender.

In die beiden Spulen werden Eisenstäbe *A B* und *A' B'* eingeführt, die von möglichst gleicher Form und Beschaffenheit sein sollten.

Werden die Spulen vom Strom durchflossen, so ist es nicht schwer, durch entsprechende Verschiebung derselben eine Stellung ausfindig zu machen, bei der jede der Spulen den gleichen, aber entgegengesetzten Einfluß auf die Magnetnadel ausübt. Eine genaue Einstellung ist erreicht, sobald das Unterbrechen des Stromes, wie Stromwenden keinen Einfluß auf die Magnetnadel ausübt.

Durch geeignete Mittel kann hierauf der Stab *A' B'* einer reinen Verdrehung ausgesetzt werden, während der Stab *A B* seine ursprüngliche Lage beibehält.

Durch die Verdrehung des Stabes *A' B'* wird das magnetische Gleichgewicht der Anordnung gestört, und die Magnetnadel *N S* muß eine entsprechende Drehung erfahren. Diese Drehung kann mittelst Spiegel und Lichtstrahlen, wie in Fig. 6 angedeutet, zur Anzeige gelangen.

Der Magnetisierungsapparat von Siemens & Halske (Köpsel [9]).

Das Prinzip dieses Apparates ist der in Fig. 7 gezeigten Anordnung zugrunde gelegt.

Ein geteiltes Eisenjoch *J* ist so eingerichtet, daß es zwischen seinen Polen eine von einem konstanten Strom durchflossene Spule aufnehmen kann. Letztere trägt einen Zeiger Z, der ihren Ausschlag auf einer entsprechend angebrachten Skala anzeigt.

Die Enden des Joches *J* sind so eingerichtet, daß ein Eisenstab *A B* in ihnen verspannt werden kann.

---

[8]) Diese Anordnung verdanke ich privaten Mitteilungen des Herrn Prof. Dr. Goerens vom Hüttenmännischen Institut der Kgl. Techn. Hochschule, Aachen.

[9]) Zeitschrift für Instrumentenkunde, Febr. 1898.

Der Stab AB bildet dann mit den beiden Schenkeln des Joches J ein solides Stück.

AB wird von Spulen S_1 und S_2 umgeben; letzteren wird ein Gleichstrom zugeführt. Die hierdurch in J erzeugten Kraftlinien üben auf die stromdurchflossene Spule a ein Moment aus, wodurch die Spule eine Drehung ausführt, die wie angedeutet zur Anzeige gelangt.

Für unsere Zwecke ist es unerläßlich, den Stab AB bei C und C' sicher zu lagern.

Mittelst eines Hebels H kann der Stab AB dann verdreht werden.

Damit a nicht schon einen Ausschlag zeigt, wenn kein Stab AB in den Apparat eingeführt ist, bezw. keine Verdrehung einem vor-

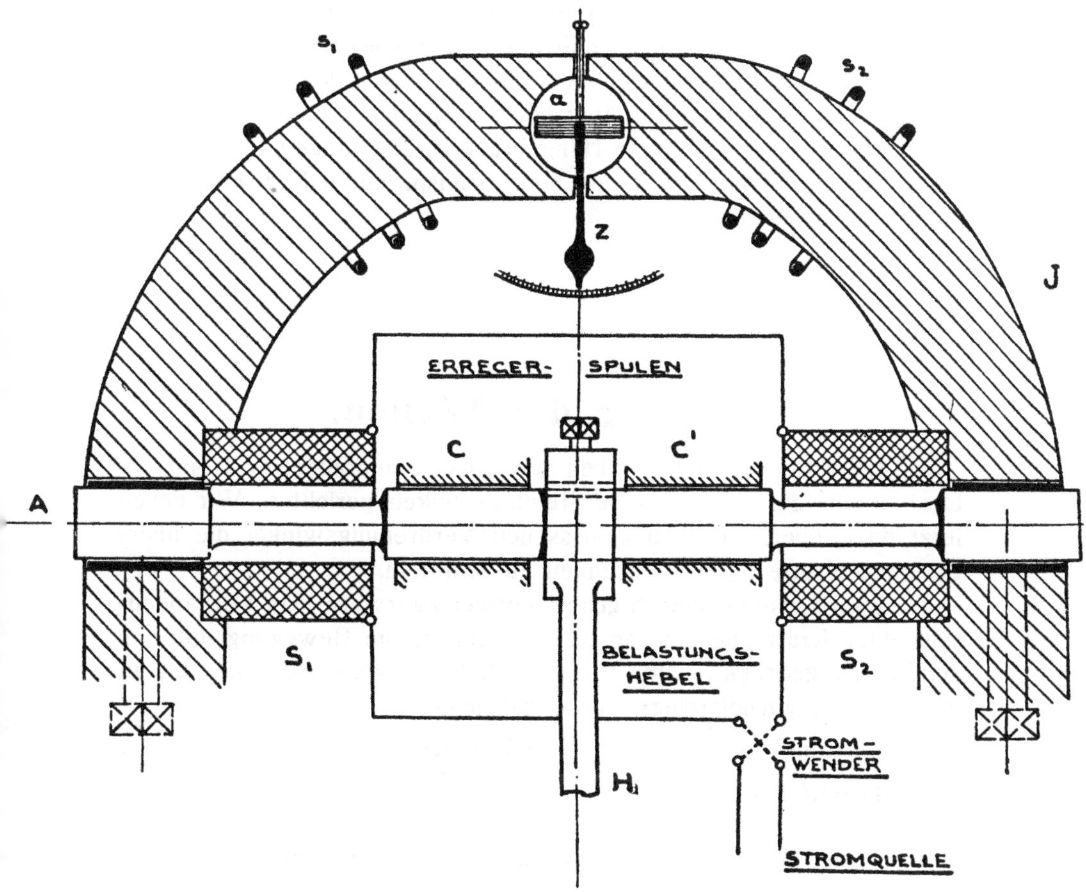

Fig. 7.

handenen Stab erteilt ist, so sind S_1 und S_2 gegenüber zwei Spulen s_1 und s_2 angeordnet, denen ein Strom von solcher Stärke und Richtung zugeführt wird, daß im betreffenden Falle die Wirkungen von S_1 und S_2 und s_1 und s_2 auf *a* sich aufheben.

In Fig. 7 ist die Befestigung des Hebels *H* mit *A B* so gedacht, daß der Stab leicht seitlich eingeführt werden kann.

Der Stab hat die in Fig. 7 gezeigte Form zu erhalten, damit an den Einklemmstellen in *J* keine Bewegung oder Verdrehung auftreten kann. Es ist leicht zu sehen, daß die Anordnung nach Fig. 7 es ermöglicht, dem Stab *A B* eine reine Verdrehung zu erteilen, ohne daß der magnetische Teil desselben im geringsten ungünstig beeinflußt wird.

In Fig. 7 ist noch ein Stromwender zwecks genauerer Einstellung bei spannungslosem Stabe *A B* vorgesehen.

Zu erwähnen ist noch, daß der hier gewiesene Weg auch auf anderen Gebieten erfolgreich Anwendung finden könnte, beispielsweise zur fortlaufenden Fernkontrolle der Beanspruchungen wichtiger Konstruktionsteile (Kabeln an Hängebrücken, Zugstangen, Prüfung des Zustandes von gefährlichen und hoch beanspruchten Kurvensträngen auf Eisenbahnen usw.).

Eichung der Wellen.

Im Vorhergehenden haben wir unser Hauptaugenmerk auf die Bestimmung der Größe des Verdrehungswinkels gerichtet. Wir gehen jetzt dazu über, aus dem gemessenen Verdrehungswinkel die übertragenen Kräfte bezw. Leistungen zu ermitteln.

Zum Leistungsbegriff gehört notwendigerweise das Vorhandensein einer Kraft und eine an die Zeit gebundene Bewegung, oder in Zeichen ausgedrückt, wenn *P* die Kraft, *s* den Weg und *t* die Zeit, in der letzterer zurückgelegt wurde, bezeichnet:

Leistung $= \frac{P \cdot s}{t} = l$ Anzahl Arbeitseinheiten, die auf eine Sekunde entfallen [1]).

---

[1]) Die Leistung wird eigentlich absolut ausgedrückt durch

$$\int P \cos \alpha \frac{ds}{dt},$$

Dieser Ansatz gilt naturgemäß für die geradlinig übertragene Leistung. Für die umlaufend übertragene Leistung geht der Ausdruck über in

$$\text{Leistung} = P \cdot 2\pi r \frac{n}{60} = P \cdot r \frac{2\pi n}{60} = M\omega$$

= Moment mal Winkeldrehung für die Sekunde, wo r den rechtwinkligen Abstand der arbeitleistenden Kraft P von der Drehungsachse bedeutet, also der Ausdruck $Pr = M$ das Moment derselben um diese darstellt. n ist die Anzahl der vollständigen Umläufe, die auf eine Sekunde entfallen, also stellt $\frac{2\pi n}{60} = \omega$ die Winkelgeschwindigkeit der Drehung dar. Wir sehen aus obigem, daß die Leistungsermittelung abhängig gemacht werden kann von der Ermittelung der Größen M und ω. Im Folgenden wird uns in der Hauptsache die Bestimmung des Momentes M in Abhängigkeit des Verdrehungswinkels beschäftigen. Die Bestimmung der Winkelgeschwindigkeit ω läuft, wie man aus dem Ausdruck $\frac{2\pi n}{60}$ leicht ersieht, auf die Feststellung einer Tourenzahl hinaus und soll später kurz berührt werden.

Die Größe des Verdrehungswinkels Θ[2]) ist

$$\Theta = \left[\frac{ML}{GI_p}\right].$$

Bei festgelegten Abmessungen einer Welle wird der Verdrehungswinkel Θ also direkt von der Größe des wirkenden Momentes abhängen und umgekehrt, da wir den obigen Ausdruck auch schreiben können

$$\Theta = C \, . \, M$$

---

wo α den Winkel zwischen den Richtungen P und ds bedeutet.

Für eine Leistung im Raume wäre der Ausdruck

$$\int \left(X \frac{dx}{ds} + Y \frac{dy}{ds} + Z \frac{dz}{ds} \right) \frac{ds}{dt},$$

wo $\cos \alpha$ usw. durch $\frac{dx}{dy}$ usw. ersetzt ist.

X, Y und Z bedeuten die Komponenten der Kraft P in Bezug auf ein rechtwinkliges Achsensystem im Raume.

Für die umlaufend übertragene Leistung fällt die Richtung von P und ds momentan stets zusammen. Daher ist $\cos \alpha = 1$ und $\int P \cos \alpha \frac{ds}{dt}$, wie oben angegeben, für eine konstante Umfangskraft P gleich $P \frac{2\pi r n}{60}$. (Vergl. Die Turbine, Nettmann, Torsionsindikatoren 1913, S. 319 f.)

[2]) Soll Θ in Grad ausgedrückt werden, so ist der obige Wert mit $\frac{360}{2\pi}$ zu multiplizieren.

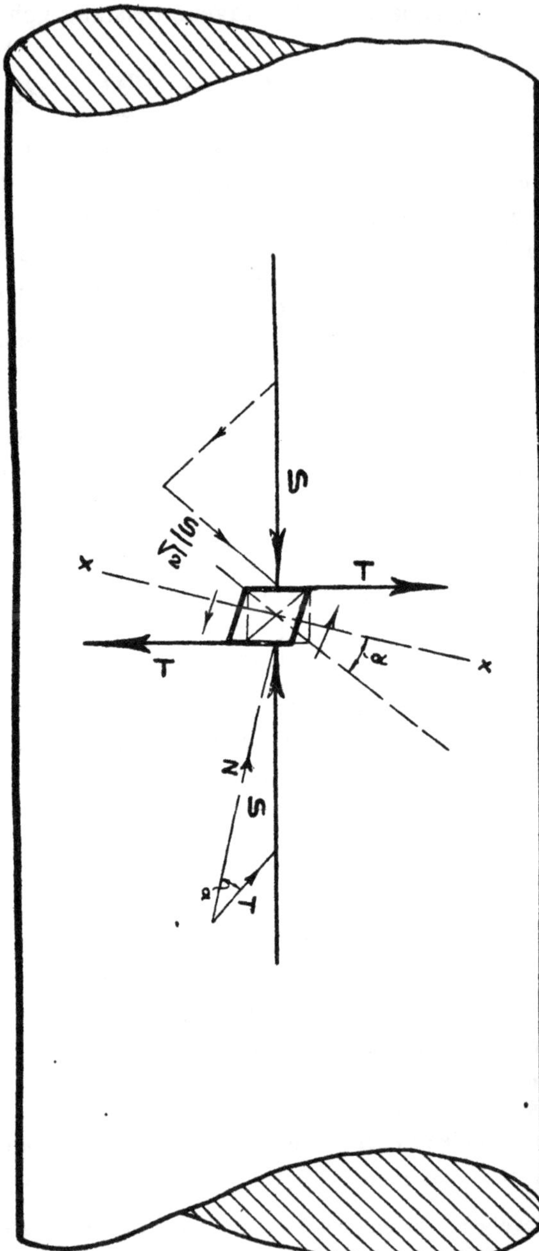

Fig. 8.

wo $C = \frac{L}{G I_p}$ für eine gegebene Wellenlänge also eine Konstante bedeutet.

Um uns über den Einfluß einer neben der reinen Verdrehung auftretenden Beanspruchung Klarheit zu verschaffen, stellen wir die folgende Betrachtung an für den besonderen Fall der achsialen Belastung bei gleichzeitiger Verdrehung.

Das Wellenstück der Fig. 8 wird achsial durch einen Propellerschub S belastet, und das Drehmoment erzeuge die Schubspannungen T an einem kleinen Würfel des Wellenmaterials.

Im spannungslosen Zustande der Welle möge die Würfelfläche durch das in Fig. 8 einpunktierte Quadrat dargestellt sein. Unter dem Einfluß einer reinen Druckbeanspruchung durch die Kräfte S-S würde ein solcher Körper im allgemeinen in achsialer Richtung verkürzt werden, bei dem Auftreten reiner Schubspannungen $T\,T$ aber die in Fig. 8 scharf ausgezogene Gestalt annehmen.

Treten beide Beanspruchungen gleichzeitig auf, so wird, wie man aus Fig. 8 leicht sieht, wegen der Schrägstellung die letztere Form durch die Kräfte S-S besonders begünstigt [2a]). Da die Größe der Abweichung der Würfelfläche von der quadratischen für die Größe des Verdrehungswinkels maßgebend ist, so sehen wir, daß die achsiale Beanspruchung die Größe des jeweiligen Verdrehungswinkels beeinflussen wird.

In Fig. 9 ist allgemein angedeutet, welchen Einfluß eine achsiale Beanspruchung auf die Abhängigkeit von M und Θ ausüben kann. Die Momente M sind wagerecht, die Verdrehungswinkel Θ lotrecht aufgetragen gedacht.

Für den Fall der reinen Verdrehung, ohne achsiale Beanspruchung also, würde die Abhängigkeit durch die Gerade AB, $\Theta = CM$, wo $C = \frac{L}{G I_p} = tg\,\alpha$ ist, dargestellt werden.

Denkt man sich die Materialanordnung so, daß schon ein reiner Achsialschub eine Verdrehung hervorruft, so wird die Abhängigkeit durch die Gerade CD, $\Theta = A + CM$ ausgedrückt, wo $A = AC$ gleich der Verdrehung bei konstanter achsialer Beanspruchung und Moment $M = 0$ ist.

[2a]) Diese Ausführungen stammen aus dem Jahre 1909. Sie entsprechen den damaligen Anschauungen. Sie haben sich als unzutreffend erwiesen, da innerhalb der Elastizitäts-Grenze die Gesetze der ungestörten Superposition Geltung haben. (Vergl. Nettmann, Untersuchung über den Einfluß einer Achsialbelastung auf den Gleitmodul bei Drehung, 1912 „Die Turbine“, S. 1 f.)

Die Konstante C ist hier wieder gleich $tg\,\alpha$.

Für gleichzeitig veränderlichen Schub S und Moment M sind endlich die Formen $\Theta = CM + C_1 S$ oder $\Theta = M(C + C_1 S)$ für die Abhängigkeit von Θ, M und S möglich. Erstere ist durch die Kurve AF angedeutet und letztere durch AE.

Nur direkte Versuche an vorhandenen Wellen können über

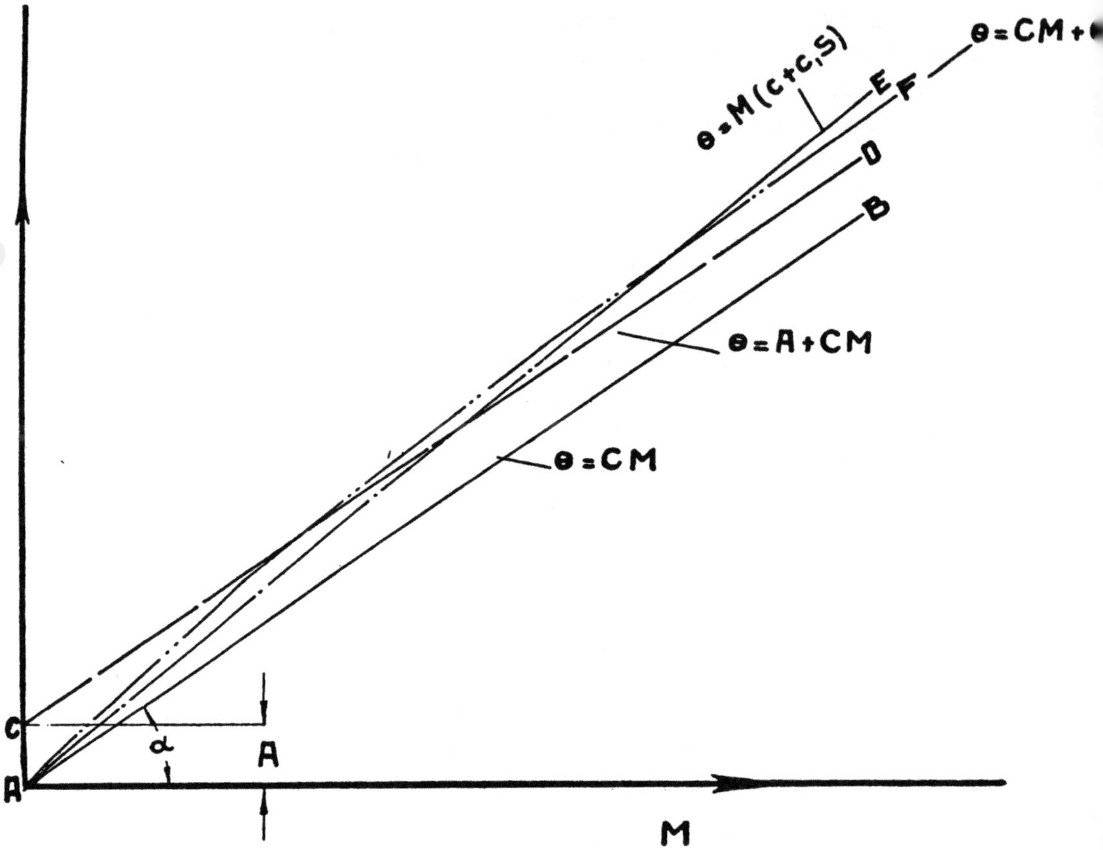

Fig. 9.

diese Abhängigkeit Klarheit verschaffen. Für die einwandfreie Leistungsbestimmung ist die Kenntnis derselben eine Grundbedingung.

Es ist wohl unnötig, nach obigen Erörterungen noch besonders darauf hinzuweisen, daß, sobald wir es unternehmen, Kräfte aus entsprechenden Materialverschiebungen zu bestimmen, wir bei der vorzunehmenden empirischen Eichung genau die Verhältnisse nachahmen müssen, die während der wirklichen Inanspruchnahme des Körpers herrschen, d. h. wird ein Körper zur gleichen Zeit von mehreren Kräften beansprucht und wollen wir nur eine bestimmte messen, indem wir die gesamtresultierende Materialverschiebung feststellen, so müssen wir bei der Eichung den Einfluß der anderen Kräfte gebührend berücksichtigen.

Diese Notwendigkeit ist bislang bei den Eichungen der Schraubenwellen der Dampfer nicht hinreichend berücksichtigt worden, obwohl Greenhill [3]) schon 1883 gezeigt hat, daß die Größe des Propellerschubes für die Wahl der Abmessungen einer Schraubenwelle ausschlaggebend ist.

Erst Gibson[4]) scheint 1907 zum erstenmal gezeigt zu haben, wie die Welleneichungen durch einen achsialen Schub beeinflußt werden. Gibson stellte an den von ihm untersuchten normalen Wellenstücken fest, daß ein dem angreifenden Verdrehungsmoment entsprechender Propellerschub den Verdrehungswinkel bei massiven Wellen um 1—2 %, bei hohlen Wellen um 3—4 % vergrößerte.

Wir werden später einige von Gibson's Eichergebnissen, bei denen obiger Einfluß sich deutlich bemerkbar macht, angeben (S. 32, 34 Fig. 15, 16). Vorläufig wollen wir kurz auf die Verfahren zur Welleneichung eingehen.

In Fig. 10 ist die von Föttinger benutzte Eichanordnung wiedergegeben[5]).

Das zu eichende Wellenstück wird an seinem einen Ende mit einem kräftigen Gestell *G G* starr verbunden. Das freie Ende der Welle ist bei *x*—*x* auf Kugeln gelagert und mit einem Hebel *H* fest verbunden. Die Verdrehungskraft wird durch die Druckstangen *S S* erzeugt, die abwechselnd verlängert und verkürzt werden. Die Größe dieser Kraft wird vermittelst der Wagen bestimmt.

---

[3]) A. a. O. angegebene Lit.

[4]) A. a. O. und G i b s o n, Torque of Propeller Shafting: Some investigations and Results. Inst. Naval Architects 1907, March 21.

Es möge hier darauf aufmerksam gemacht werden, daß Gibson in seinen Arbeiten stets das Wort Torque im falschen Sinne braucht. Dieser Umstand wirkt störend, da bekanntlich Lord Kelvin (Sir Wm. Thomson) auf der Universität in Glasgow das Wort Torque für die Bezeichnung des Momentes eines Kräftepaares vorgeschlagen hat und demzufolge in der gesamten heutigen englischen Literatur das Wort „Torque" mit dem Moment von Kräften um eine Drehachse (Ankerdrehmoment usw.) einen Sinn hat. Wenn Gibson, statt die Verdrehung mit „Torque" zu bezeichnen, dieselbe mit Twist (hier soll nicht an Dickens' Oliver Twist erinnert werden) bezeichnen würde, so wäre alles in Ordnung.

Zu den obigen Ausführungen vergl. man einige Bemerkungen von James Thomson (Sohn von Sir Wm. Thomson) zur Diskussion Gibson a. a. O p. 179.

[5]) Jahrb. der Schiffbautechn. Gesellsch. 1905, S. 171 f. Engineer Dec. 11, 1908, p. 615.

Die Größe des verdrehenden Momentes folgt dann in bekannter Weise aus der Größe der zuletzt genannten Kraft und der wirksamen Hebellänge. Bei Verwendung zweier Wagen, wie in Fig. 10, gestatten die Ablesungen der einen eine Kontrolle der Ablesungen der anderen.

Zu bemerken ist hier, daß bei der Eichung mittelst langer Hebel deren Schiefstellung sowie deren Deformation bei Bestimmung des wirkenden Momentes berücksichtigt werden muß, da für das Moment nur Kräfte und Entfernungen von der Wellenmitte in Betracht kommen, die rechtwinklig zueinander stehen. Die Bestimmung des Momentes aus anderen Größen ist deshalb mit Fehlern behaftet, und um so mehr, je größer die entsprechenden Abweichungen vom rechten Winkel sind, d. h. im allgemeinen, je größer die erzeugte Verdrehung der Welle ist.

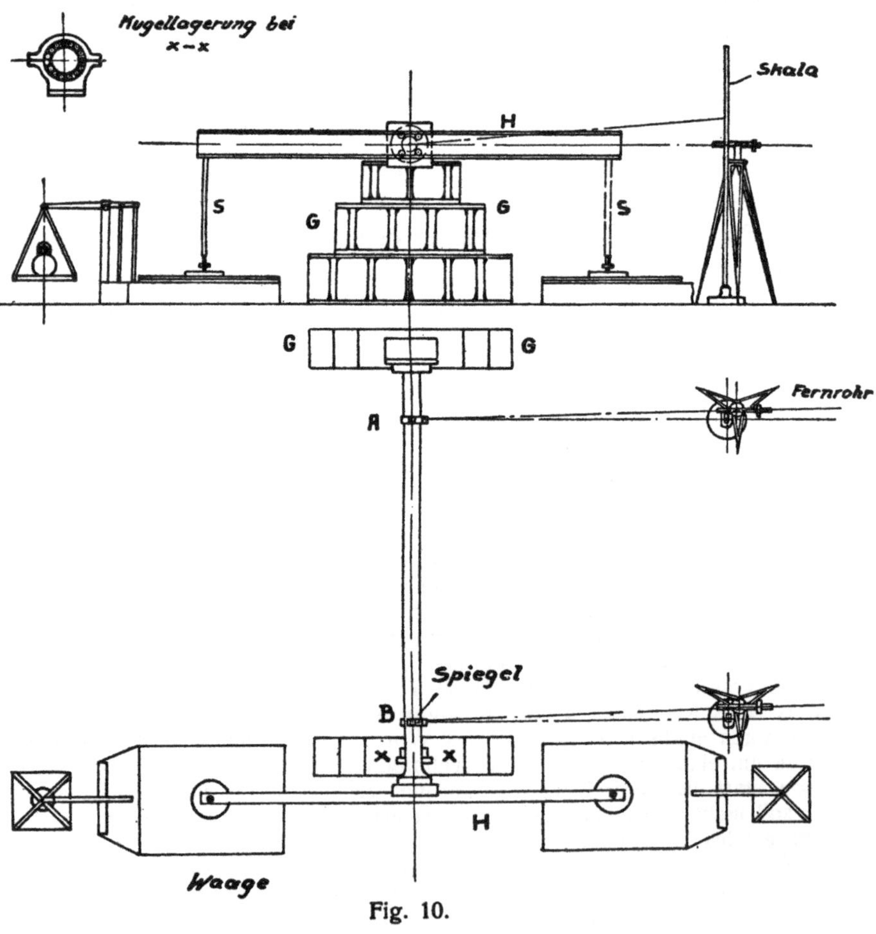

Fig. 10.

Um den Einfluß der Deformation der Befestigung *G G* aus den Messungen zu beseitigen, sowie den der Hebelverbiegungen usw., werden bei *A* und *B* auf der Welle Spiegel angebracht. Diesen gegenüber werden Fernrohre oder sonstige Vermessungsinstrumente neben entsprechenden Skalen aufgestellt. Die Größe des Verdrehungswinkels folgt dann in bekannter Weise aus dem Unterschiede der an beiden Fernrohren gemachten Ablesungen.

Die feinen Messungen, die diese Anordnung zweifellos zuläßt, stehen keineswegs im Einklang mit den Ungenauigkeiten, die dem Umstand entspringen, daß bei diesen Eichanordnungen den praktisch vorkommenden Verhältnissen nicht genügend Rechnung getragen wird. Dieses gilt besonders für Vernachlässigung des Einflusses des Propellerschubes. Es macht sich aber noch ein besonderer Umstand geltend, nämlich der, daß nicht der Torsionsindikator direkt mit der Wellenlänge, deren Verdrehung er im Betriebe anzeigen soll, geeicht wird, sondern oft sogar ein anderes Wellenstück von ganz anderer Länge als die der Meßlänge des Torsionsindikators entsprechende zur Eichung herangezogen wird.

Frahm und Föttinger[6]) haben sehr großes Gewicht auf die genaue Bestimmung des Schubmoduls *G* gelegt, mit dessen Kenntnis man ja bei gegebenem Verdrehungswinkel und sonstigen Wellenabmessungen das Drehmoment *M* und bei gegebener Umdrehungszahl die übertragene Leistung aus $M\omega$ bestimmen kann (S. 17). Doch werden wir später sehen, daß eine vorausgehende genaue Festlegung des Wertes von *G* und spätere Berechnung der Leistung aus geeigneten Größen nicht notwendigerweise die gewünschte Genauigkeit der Leistungsmessung bedingt (S. 88 f.), sondern in vielen Fällen die ganze Genauigkeit illusorischer Natur ist, somit die viel versprechende genaue Bestimmung von *G* nicht nur überflüssig, sondern direkt widersinnig erscheinen muß, besonders, wenn bei solchen Bestimmungen nicht einmal den einfachsten Bedingungen des Betriebes genügt wird.

Im Hinblick auf die obigen Erörterungen und die sonstige Umständlichkeit der in Fig 10 gezeigten Anordnung wird dieselbe im allgemeinen für praktische Zwecke nicht zu empfehlen sein.

Eine weit bessere Eichanordnung, die praktisch leicht zu verwirklichen ist und den tatsächlich bei Schraubenwellen vorliegenden Betriebsverhältnissen im weitesten Umfange Rechnung trägt, ist die in Fig. 11 dargestellte, von Gibson[7]) herrührende Anordnung.

---

[6]) Beide a. a. O.

[7]) Gibson a. a. O. Plate XIII und Engineer Dec. 11, 1908. P. 615.

Das zu eichende Wellenstück wird mit seinem Flansch mit einem Gußstück *A* verschraubt. Am entgegengesetzten Ende wird bei *B* ein doppelarmiger Hebel *H* befestigt, an dem Federdynamometer *D* angehängt werden. Durch geeignete abwechselnde Verlängerung und Verkürzung der Aufhängungen werden die Verdrehungskräfte an den Hebelenden angreifend erzeugt. Zur Nachahmung des Propellerschubes wird ein hydraulischer Hebebock *J* benutzt[8]). Derselbe überträgt seinen Druck auf ein Kugeldrucklager *C* und auf ein Querstück,

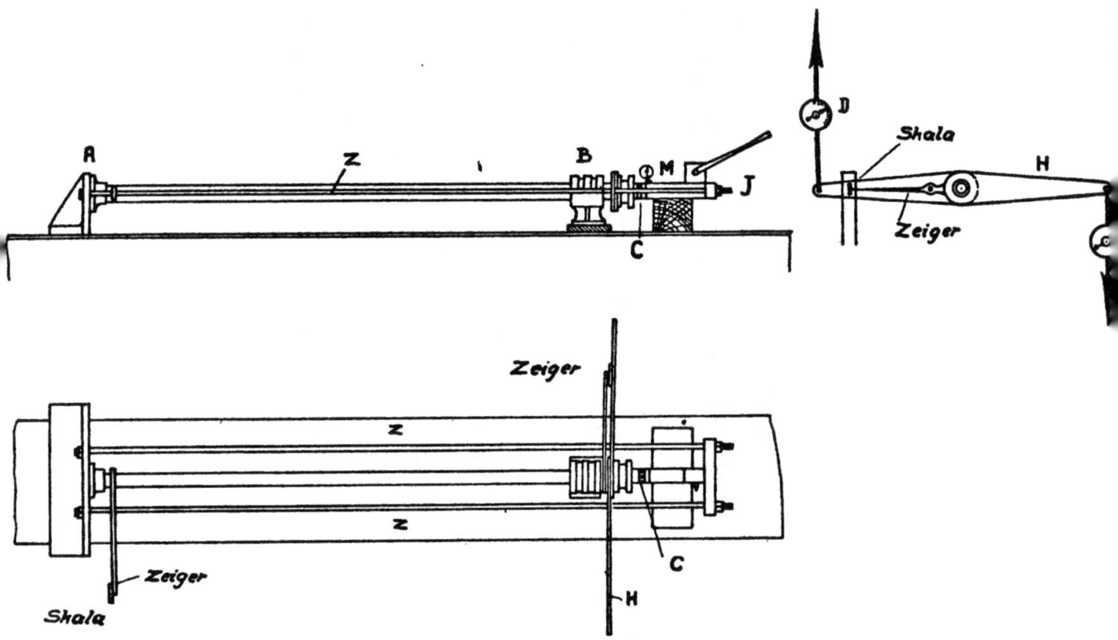

Fig. 11.

welches durch zwei kräftige Zugstangen *Z* mit dem Widerlager *A* verbunden ist. Mit Hilfe des Manometers *M* kann die Einstellung des Hebebockes auf einen bestimmten Schub leicht erfolgen. Die Ablesung der Verdrehung geschieht mittelst an geeigneten Stellen angebrachter Zeiger und Skalen.

Die Welle selbst kann während der Eichung durch öfteres Anschlagen mittelst eines Bleihammers „lebendig" gehalten werden, so

[8]) Es kann natürlich statt des Hebebockes eine Schraubenwinde nebst gleicher Feder oder ein Winkelhebel mit Gewichts- oder Federdynamometerbelastung zur Schuberzeugung verwandt werden.

daß die statischen Reibungs- und Trägheitseinflüsse so weit wie möglich beseitigt werden.

Die ganze Anordnung kann, wie in Fig. 11 angedeutet, auf zwei Walzeisen leicht Aufstellung finden.

Wird bei dieser Anordnung statt der Zeiger sofort der Verdrehungsmesser mit seinem Wellenstück geeicht, während letzteres, wie oben angedeutet, „lebendig" gehalten wird, so wird man an dieser Anordnung wenig oder nichts aussetzen können.

Bei der Eichung nach Gibson werden die PSi des Dampfers bei bestimmten Geschwindigkeiten angenommen.

Dann folgt das Drehmoment M in kgcm aus

$$M = \frac{\eta_m \cdot PS_i \cdot 75 \cdot 60}{2\pi n} = \frac{715\,\eta_m \cdot PS_i}{n} \qquad 1$$

und der entsprechende Propellerschub in kg zu:

$$S = \frac{\eta_m \cdot \eta_p \cdot PS_i \cdot 75 \cdot 60 \cdot 60}{\text{Knoten p. Std.} \cdot 1{,}855 \cdot 1000} = \frac{146\,\eta_m \cdot \eta_p \cdot PS_i}{\text{Knoten p. Stde}} \qquad 2)$$

η_m ist der Wirkungsgrad der Antriebsmaschine und η_p derjenige des Propellers[9]).

---

[9]) Leistung $= M\omega = M \frac{2\pi n}{60}$ und, da 75 Leistungseinheiten (mkg/sec) einer PS entspricht, so ist die Leistung in PS $= \frac{M\,2\pi n}{75 \cdot 60}$ oder $M = \frac{PS \cdot 75 \cdot 60}{2\pi n}$

Das effektive Drehmoment M ist dann, wie oben $\frac{PS_i\,\eta_m\,75 \cdot 60}{2\pi n}$.

Die Gleichung für den effektiven Schub folgt aus der folgenden Ueberlegung:

Von den $PS_i\ \eta_m$, die an die Schraube abgegeben werden, kommen $PS_i \cdot \eta_m \cdot \eta_p$ für die Fortbewegung des Dampfers in Betracht, und zwar erzeugen dieselben den für die Dampferfortbewegung nötigen Schub.

Es muß also $PS \cdot \eta_m \cdot \eta_p$ gleich der vom Schub S geleisteten Arbeit sein.

Ist die Geschwindigkeit des Dampfers so und soviel Knoten pro Stunde, so ist die Geschwindigkeit des Dampfer in m/sec $= \frac{\text{Knoten in der Stunde}}{60 \cdot 60}$. 1,855 . 1000, da ein Knoten oder eine Seemeile gleich 1,855 km. Die Leistung von S in mkg/sec ist also:

$$S \text{ in kg} \cdot \frac{\text{Knoten pro Stunde}}{60 \cdot 60} \cdot 1{,}855 \cdot 1000$$

und diese muß nach Obigem gleich der Leistung:

$$PS_i \cdot \eta_m \cdot \eta_p \text{ in mkg/sec. sein, also}$$

$$S \text{ in kg} \cdot \frac{\text{Knoten p. Std.}}{60 \cdot 60} \cdot 1{,}855 \cdot 1000 = PS_i \,.\, \eta_m \cdot \eta_p \cdot 75 \text{ mkg/sec.}$$

oder

$$S = \frac{PS \cdot \eta_m \cdot \eta_p \cdot 75 \cdot 3600}{\text{Knoten pro Stunde} \cdot 1{,}855 \cdot 1000}$$

wie oben angegeben.

Das Produkt $\eta_m \cdot \eta_p$ stellt den Wirkungsgrad der Fortbewegung des Dampfers oder den sogenannten Propulsionskoeffizienten dar.

Derselbe ermittelt sich aus

$$\frac{\text{Eff. PS, welche nötig sind, dem Dampfer eine gewisse Geschwindigkeit in Knoten pro Stunde zu erteilen}}{\text{Ind. PS der Maschinen bei derselben Geschwindigkeit}}$$

$$= \frac{\text{Ind. PS der Maschinen mal mechan. Wirkungsgrad mal Propellerwirkungsgrad}}{\text{Ind. PS der Maschinen}}$$

$$= \eta_m \cdot \eta_p$$

Dieser Gesamtwirkungsgrad beträgt im Durchschnitt bei den heutigen Dampfern 0,50 = 50 %; davon entfallen rund 90 % auf die Maschine und rund 60 % auf die Propeller.

Bei einer ersten Eichung einer Welle wird man also die Werte von η_m und η_p, sofern dieselben nicht bekannt sind, annehmen müssen.

Haben die Probefahrten eines Dampfers einmal stattgefunden und sind mit Hilfe der durch Annahme der Werte für die PSi, η_m und η_p gewonnenen Eichergebnisse die Wellen-PS bestimmt worden bei verschiedenen Geschwindigkeiten, so ist man schon mehr in den Stand gesetzt, die Gültigkeit der bei der Eichung gemachten Annahmen zu untersuchen, da in den Formeln 1) u. 2) nur noch η_p und S ihrem absoluten Werte nach unbekannt sind[10]) ihr Produkt aber bekannt ist, und da der Wert von η_p nicht weit fehl geschätzt werden kann, so kann S angenähert bestimmt werden. Eine Wiederholung der Eichung mit den so gefundenen Werten würde dann den wirklichen Verhältnissen sehr nahe kommen. Man sieht auch leicht, daß bei öfterer Wiederholung der Eichung auf Grund der durch die vorhergehende Eichung erhaltenen Werte für PSi und $\eta_p \cdot S$ auf den nach dieser stattgefundenen Versuchsfahrten die Annäherung an die wirklichen Beanspruchungen der Welle eine immer größere wird; die einzigste Unsicherheit läge dann noch in der Annahme des Wertes für η_p.

Kann während der Fahrten auch noch der effektive Schub (S. 55) bestimmt werden, so sind natürlich alle Werte für eine genaue Eichung gegeben, und im besonderen kann noch der bei der ersten Eichung angenommene Wert von η_p einer Kontrolle unterzogen werden, da aus Gleichung 2 der Wert für η_p durch Einsetzen entsprechender Größen sofort folgt.

Handelt es sich bei den Antriebmaschinen im besonderen um

---

[10]) η_m kann zu 90—95 % und η_p zu 50—60 % angenommen werden, jedenfalls sollte man $\eta_m \cdot \eta_p$ nicht höher als 50 % annehmen, da dieser Wert so ziemlich den Leistungen moderner Turbinenschiffe entspricht.

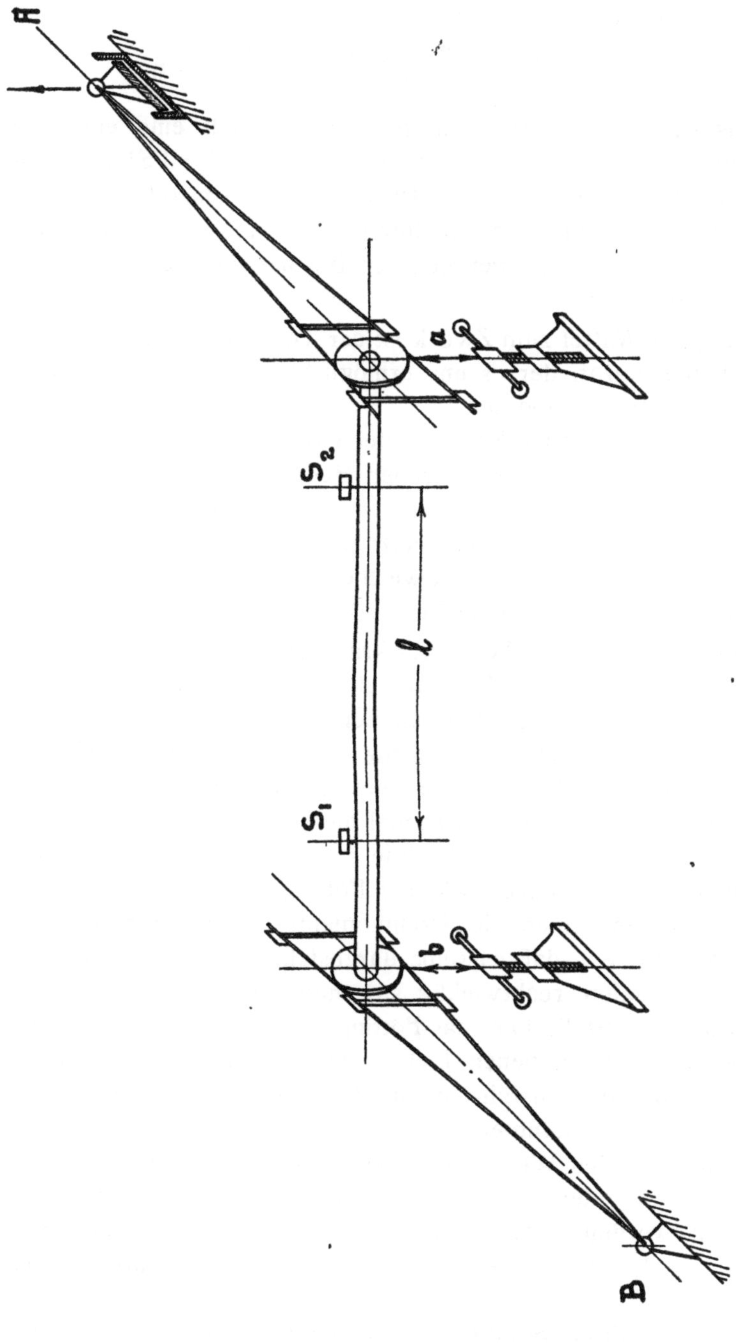

Fig. 12.

Kolbenmaschinen, so kann durch deren Indizierung η_m einer Kontrolle unterzogen werden, da

$$\eta_m = \frac{\text{PS eff.}}{\text{PS}_i} = \frac{\text{Wellen-PS}}{\text{PS}_i} = \frac{\eta_m \, \text{PS}_i}{\text{PS}_i} = \eta_m .$$

Aus dem Vorhergehenden geht hervor, daß eine einwandfreie Welleneichung die genaue Kenntnis der Werte der PSi und von η und η_p oder η_m PSi = Wellen - PS und η_p voraussetzt.

Man wird daher schon im Interesse der fehlerfreien Feststellung der Maschinenleistung einer genauen Bestimmung der obigen Werte näher treten müssen.

Das erste Mittel zum Zweck ist der Torsionsindikator, das zweite der Schubindikator, der es uns ermöglicht, die Größe des jeweiligen Propellerschubes zu messen.

Doch ist die genaue Kenntnis der Größen PSi, η_m und η_p auch in anderer Hinsicht von solch großer Bedeutung für den Schiffsbauingenieur, daß wir es uns für später noch vorbehalten, kurz auf die Messung des Propellerschubes einzugehen.

Ein anderes Eichverfahren, welches von Martens[11]) vorgeschlagen wurde, ist in Fig. 12 verbildlicht.

Bei diesem soll die Welle mit kräftigen Hebeln versehen werden, von denen der eine bei *B* fest aufliegt, der andere bei *A* auf eine Meßdose wirkt. Die Welle ist durch Schraubenwinden oder Sandsäcke unterstützt. Läßt man die Lagerung um die Strecken *a* und *b* herabsinken, so wird bei *A* eine entsprechende Kraft angezeigt; das Moment ergibt sich dann aus Hebellänge mal diesem Druck.

Die Verdrehung wird mit Hilfe zweier Spiegel S_1, S_2, die um l auseinanderliegen, ähnlich wie bei Föttinger gemessen.

Bei der Bestimmung des Drehmomentes wird hier besonders darauf zu achten sein, daß dasselbe dargestellt wird durch das Produkt zweier zueinander rechtwinklig stehender Größen. Im übrigen gilt das an anderer Stelle über das Föttinger'sche Verfahren Gesagte.

Die oben angegebenen Eichverfahren (Fig. 10—12) haben den Nachteil, daß ihre Ausführung meistens in den Montagehallen oder Werkstätten unternommen werden muß, d. h. die Eichung wird an den entsprechenden Wellenlängen vor deren Einbau an Ort und Stelle vorgenommen, oder schon eingebaute Wellen müssen zur Eichung ausgebaut werden. Der Grund hierfür ist in der geringen Breitenausdehnung der Wellentunnels zu erblicken, die das Anbringen langer

---

[11]) Jahrbuch der Schiffbautechnischen Gesellschaft, 1905, Seite 500.

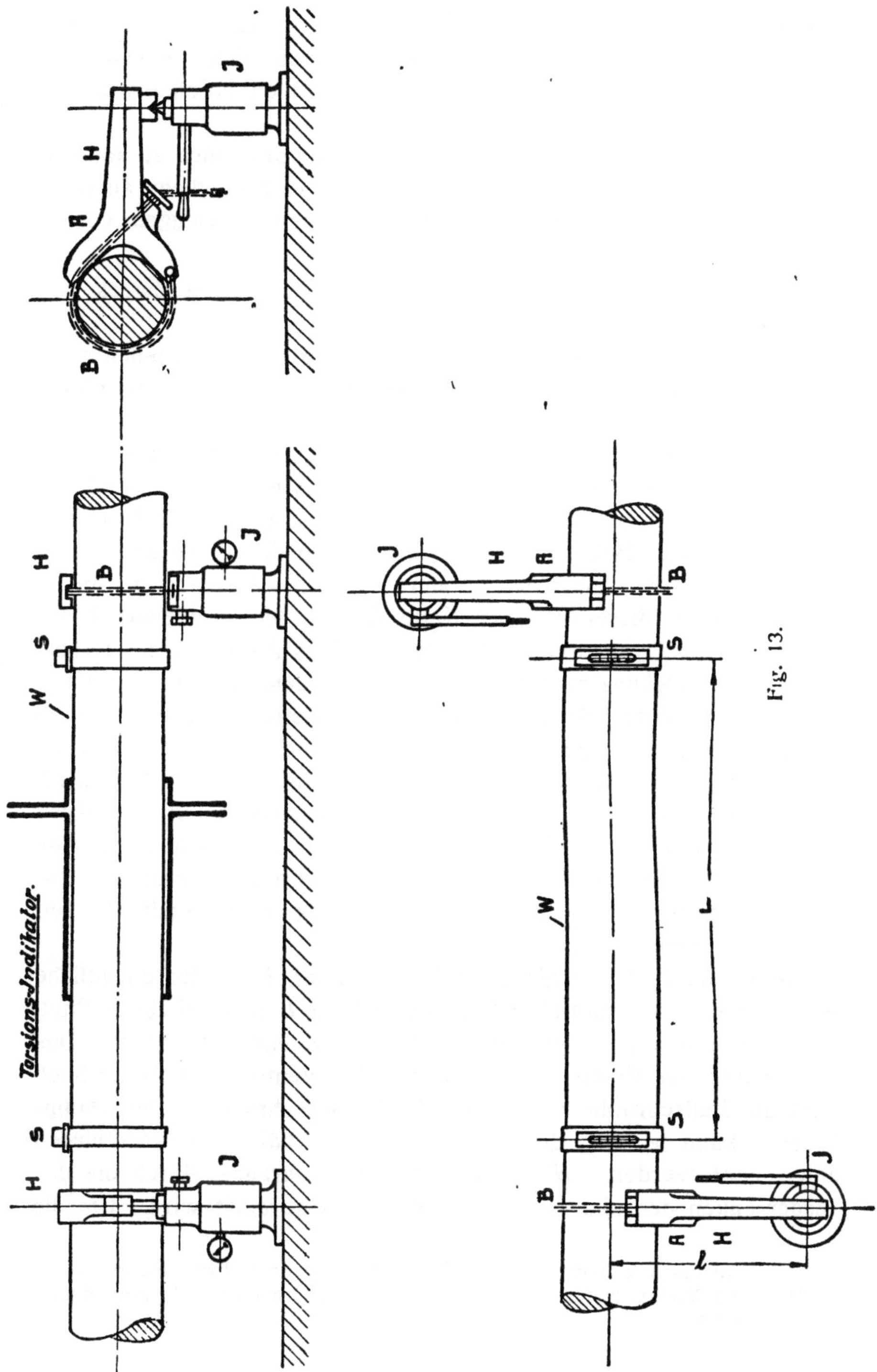

Fig. 13.

Belastungshebel zur Erzeugung der Drehmomente nicht gestattet. Zudem ist die Anbringung der Hebel an durchgehenden Wellenlängen, sowie das Festhalten der Welle an einem Ende nicht so ohne weiteres ausführbar.

Um die Welleneichung auch zu jeder Zeit vornehmen zu können, wird man eine Anordnung treffen müssen, die es ermöglicht, an einer durchgehenden Wellenlänge die entsprechenden Messungen vorzunehmen.

In Fig. 13 ist eine Anordnung gezeigt, die diesem Zweck genügen soll.

An der durchgehenden Welle werden an geeigneten Stellen zwei kurze Hebel *H* angebracht. Der Befestigungsteil oder -kopf dieser Hebel ist in Fig. 13 gezeigt und ist ähnlich einer Kettenrohrzange gedacht. Der Teil *A* des Hebels *H* wird an die Welle *W* angelegt, die Gall'sche Kette *B* um dieselbe gelegt und in *A* festgelegt. Wird der Hebel in entsprechender Richtung belastet, so greift das Hebelende mit zunehmender Belastung immer schärfer an der Welle an. Damit die Welle nicht beschädigt wird, kann ein weiches Eisen- oder Kupferband zwischen dieser und der Kette *B* und dem Kopfende *A* des Hebels *H* eingefügt werden. Um ein sofortiges Angreifen des Hebels in beliebiger Stellung zu sichern, kann *A* mit einer Spannvorrichtung ausgestaltet werden, die es ermöglicht, der Kette *B* die nötige Vorspannung zu geben. Am besten wird der Hebel angreifen, wenn die Kette *B* über die Köpfe oder Muttern der Flanschbolzen gelegt wird.

Die Krafterzeugung soll mittelst der hydraulischen Hebeböcke *J* erfolgen. Da mit solchen Kräfte von selbst 20 Tonnen leicht zu erzielen sind, so kann die Hebellänge *l*, Fig. 13, sehr gering gehalten werden.

Fig. 14 zeigt eine bekannte Ausführung eines hydraulischen 20-Tonnen-Hebebocks[12]).

A ist der Fuß, der gleich als Kolben dient, *B* ist der eigentliche Preßzylinder. *A* ist mit einer Ledermanschette *L* gegen *B* abgedichtet. *C* ist der Kolben der Preßpumpe und *D* der Zylinder derselben. Das Druckventil der Pumpe ist mit *G*, das Saugventil mit *F* bezeichnet. *I* ist die Füllschraube und *K* die Entlüftungsschraube. Der Pumphebel *E* kann je nach den örtlichen Raumverhältnissen verschieden aufgesteckt werden. *H* ist die Ueberströmschraube, durch die das Niedersenken des oberen Teiles des Bockes geregelt wird. Um die

---

[12]) Ausführung von Young's, Birmingham (vergl. Lineham a. a. O., p. 206 f., und Marks, Notes on the construction of Cranes and Lifting Machinery, p. 128 f.

Möglichkeit einer Drehung zwischen *A* und *B* auszuschließen, ist *A* mit einer Nut und *B* mit einem Federkeil *M* ausgestattet.

Die Kraftmessung erfolgt mittelst Manometers am Preßzylinder *B*. Für die Messungen ist eine Eichung des Bockes vorzunehmen, d. h.

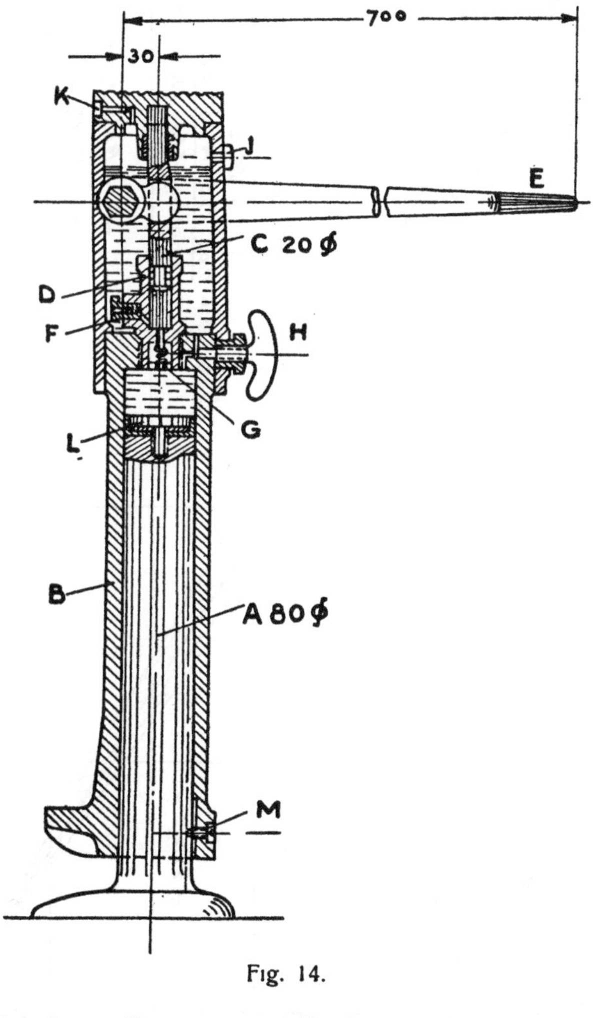

Fig. 14.

die Abhängigkeit von Pressung und Kraft ist zu bestimmen; hierbei ist das Gewicht der Hebel *H* zu berücksichtigen.

Die Größe der erzeugten Verdrehungen ist am Torsionsindikator abzulesen. Bei den Verfahren, die die Ablesung des Verdrehungswinkels nicht direkt gestatten, wird die Verdrehung der Welle am besten mittelst direkt auf der Welle in bekannter Entfernung *L* von-

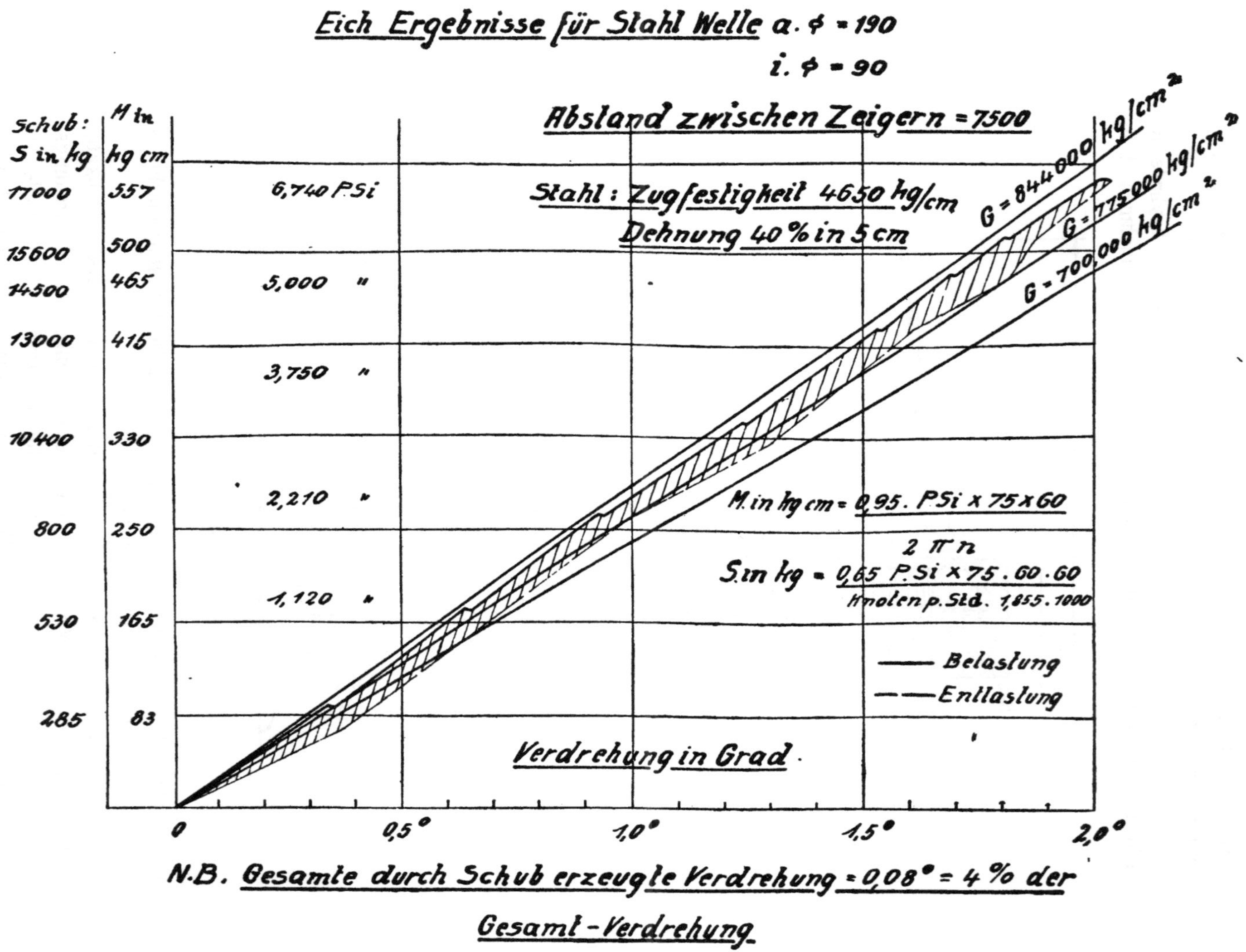
Eich Ergebnisse für Stahl Welle a. ϕ = 190
i. ϕ = 90
Abstand zwischen Zeigern = 7500
Stahl : Zugfestigkeit 4650 kg/cm
Dehnung 40 % in 5 cm
Schub: S in kg
M in kg cm
17000
557
15600
500
14500
465
13000
415
10400
330
800
250
530
165
285
83
6,740 PSi
5,000 "
3,750 "
2,210 "
1,120 "
G = 844000 kg/cm²
G = 775000 kg/cm²
G = 700000 kg/cm²
M in kg cm = 0,95 . PSi x 75 x 60 / 2 π n
S in kg = 0,65 PSi x 75 . 60 . 60 / Knoten p. Std. 1,855 . 1000
—— Belastung
— — Entlastung
Verdrehung in Grad
0
0,5°
1,0°
1,5°
2,0°
N.B. Gesamte durch Schub erzeugte Verdrehung = 0,08° = 4 % der Gesamt-Verdrehung

Fig. 15.

einander angebrachten Vermessungslibellen *S* mit Gradteilung festgestellt.

Wie schon früher bemerkt, muß die Welle während der Eichung verschiedentlich leicht angeschlagen werden und ihr Zeit zum Anpassen an neue Belastungsverhältnisse gegeben werden. Zu bemerken ist noch, daß die zeitweilige Annäherung des Kernes einer Drosselspule die ganze Welle in schnelle Schwingungen versetzen kann.

Ein Lebendighalten der Welle auf diesem Wege erscheint womöglich vorteilhafter für die ganze Meßanordnung als das Anschlagen mittelst Blei- oder Kupferhammers.

Die Belastungshebel *H* sind endlich so kräftig auszuführen, daß ein Nachgeben derselben unter Belastung ausgeschlossen ist.

Die Nachahmung des Propellerschubes kann wie bei Gibson erfolgen (S. 24), indem eine Wellenlänge ausgebaut wird und an deren Stelle ein hydraulischer Hebebock mit Kugeldrucklager und Zugstangen und Kopfstück angebracht wird, ähnlich wie in Fig. 11 angedeutet.

Ist im besonderen ein hydraulischer Schubindikator (siehe S. 60) in der Wellenleitung vorgesehen, so kann von dem Ausbauen des erwähnten Wellenendes Abstand genommen werden. Es sind dann nur entsprechende Zugstangen anzubringen und das Kopfstück so um die Welle zu legen, daß zwischen diese und letzteres Stahlkugeln eingelegt werden können. Kann die Schubaufnahme auch an einem anderen Teil des Schiffes erfolgen, so werden die Zugstangen nach dem Drucklager unnötig.

Zu bemerken wäre noch, daß die hydraulischen Hebeböcke ohne weiteres durch Schraubenwinden mit geeichten Federn ersetzt werden können, doch erscheint die Verwendung ersterer bequemer.

In Fig. 15, 16 sind die Ergebnisse von Eichungen wiedergegeben, die Gibson [13]) unternommen hat. Nach dem, was weiter oben über die Welleneichung gesagt wurde, dürfte eine nähere Erklärung der Fig. 15, 16 überflüssig erscheinen. Während, wie in Fig. 16 ver-

[13]) A. a. O. Plate 1, Fig. 3, 3 A, 4 und Plate XIX.
Es muß ausdrücklich darauf aufmerksam gemacht werden, daß die in den obigen Tabellen angegebenen Werte einer Umrechnung der englischen Ergebnisse auf deutsche Einheiten entspringen, und zwar ist bei Wellendurchmessern und Längen stark nach oben abgerundet worden, damit sich runde Maße ergaben, die ja für einen Ueberblick über die in Betracht kommenden Größen vollkommen genügen; mehr sollen die genannten Tabellen auch nicht geben.

Massive Welle 170 ⌀ und 6000 m/m

Entfernung zwischen äussersten Zeigern.

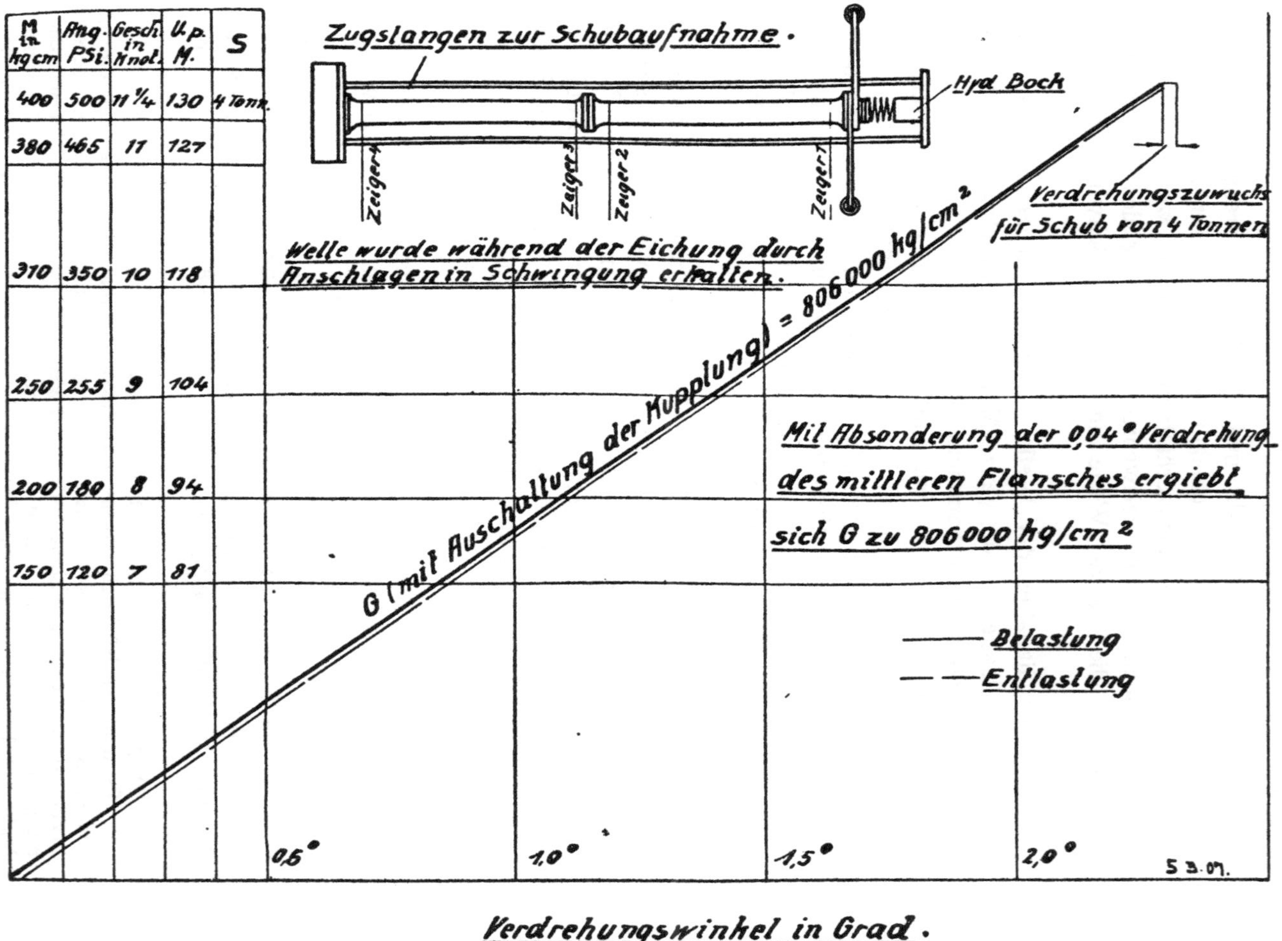

merkt, bei der dortigen Eichung die Welle durch Anschlagen in Schwingungen versetzt wurde, zeigt Fig. 15 die Ergebnisse der Eichung, bei welcher während der Belastung erst das Drehmoment langsam vergrößert wurde, um dann die Welle mit dem nötigen Achsialschub zu belasten. Die geneigten geraden Stücke entsprechen den Drehmomenten, während die kurzen wagerechten Stücke der durch Achsialschub erzeugten Verdrehung entsprechen. Bei der Entlastung wurden die Drehmomente und Schübe gleichzeitig von der Welle entfernt.

Die schraffierte Fläche zeigt die mechansche Hysteresis der Welle. Die beiden äußeren Geraden in Fig. 15 grenzen diese Fläche ein, während die mittlere etwa in der Mitte zwischen beiden verläuft. Die den Geraden entsprechenden Werte von G sind angefügt.

In Fig. 17 ist endlich noch gezeigt, wie die Leistungsauftragung für praktische Zwecke erfolgen kann, nachdem der Wert für G, wie im Vorhergehenden näher beschrieben, bestimmt worden ist.

Nach Früherem ist die Leistung gleich $M\omega$

oder in
$$\mathrm{PS} = \frac{M\omega}{75} = \frac{M\,2\pi n}{75 \cdot 60},$$
da 75 Leistungseinheiten (mkg/sec) auf eine PS kommen.

Für M haben wir nach Früherem
$$M = \frac{\Theta G I_p}{L}$$
oder mit Einsetzung dieses Wertes
$$\mathrm{PS} = \frac{G I_p}{L} \cdot \frac{2\pi}{60 \cdot 75}\, \Theta n.$$

Also bei festgelegtem G für eine und dieselbe Welle
$$\mathrm{PS} = C \,.\, \Theta \,.\, n,$$
wo C eine Konstante und gleich $\frac{G I_p}{L} \cdot \frac{2\pi}{60 \cdot 75}$ ist.

Nimmt man $G = 828\,000$ kg/cm² und $I = 1$ cm⁴, $L = 1$ cm, so wird $C = 11543 \,.\, 10^{-8}$ oder rund 12 pro cm⁴ Trägheitsmoment des Wellenquerschnittes und cm Wellenlänge.

Wird Θ in Grad gemessen, so ist C noch mit $\frac{2\pi}{360}$ zu multiplizieren.

Wie aus Fig. 17 ersichtlich, werden die PS in Abhängigkeit von n für Konstante Θ durch gerade Linien dargestellt.

Ueberhaupt sieht man aus obiger Gleichung leicht, daß die PS für konstante Verdrehung oder konstante Tourenzahlen durch gerade Linien dargestellt werden, da dann entweder $C \,.\, \Theta$ eine Konstante oder Cn eine Konstante ist; die PS werden dargestellt durch:
$$\mathrm{PS} = \mathrm{Const.}\; n \text{ bezw. } \mathrm{PS} = \mathrm{Const.}\; \Theta.$$

Hierin ist die Konstante gleich der Tangente des Neigungswinkels der entsprechenden Geraden.

Für konstante PS verlaufen Θ und n nach einer gleichseitigen Hyperbel analog dem Gasgesetz $P \cdot V^1 = \text{Const.}$, d. h. für einen bestimmten Wert von PS müßte n, wenn $\Theta = 0$ wäre, gleich ∞ werden und umgekehrt.

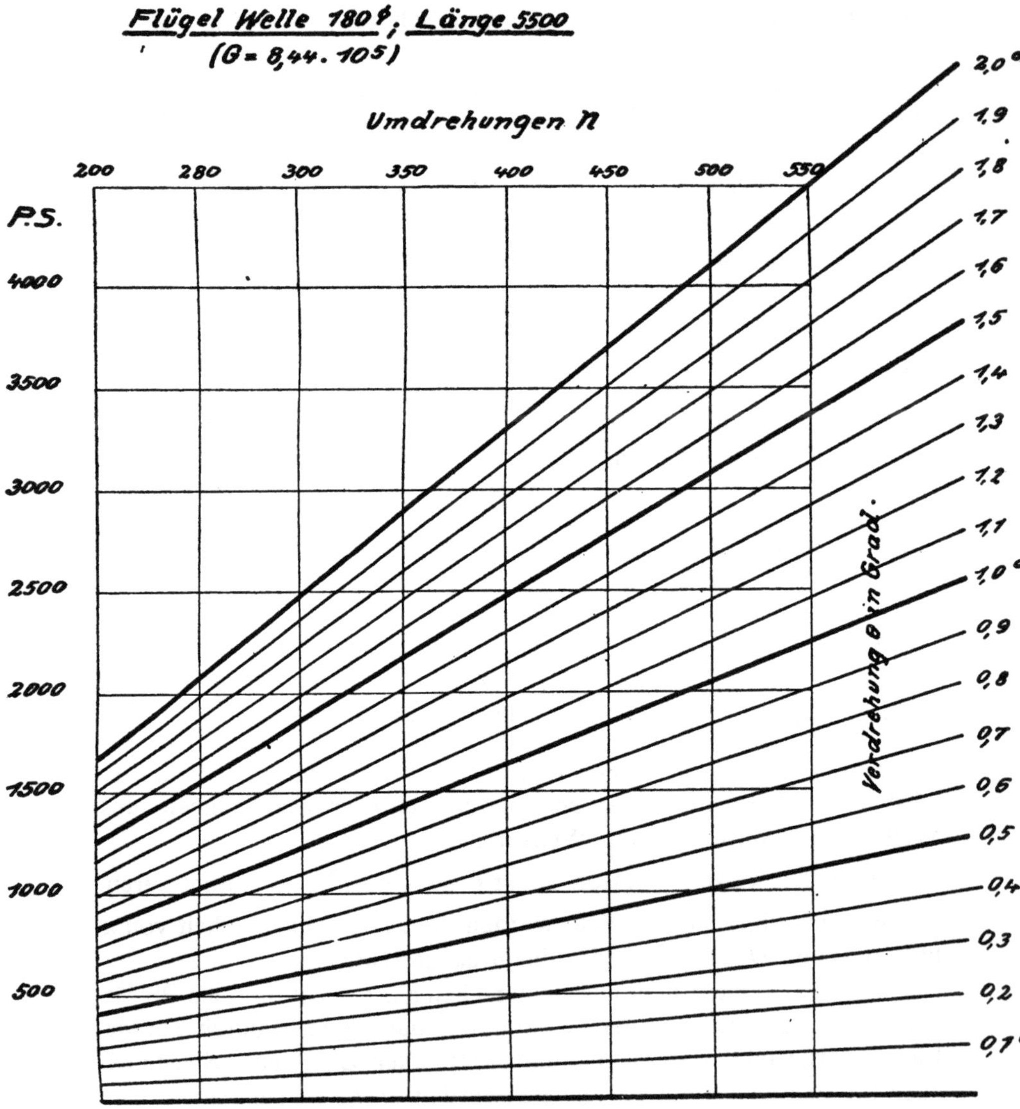

Fig. 17.

Stellt man die Abhängigkeit von PS Θ und n im Raume dar, so erhält man eine Fläche, und man sieht leicht, daß es eine Kurve auf dieser Fläche gibt, für die Θ und n gleich sind. Diese Kurve ist eine Parabel mit einer der Koordinatenachsen als Achse, und ihre Ebene ist unter 45 Gr. gegen die PS Θ - und PS n - Ebene geneigt[14]).

Hier sollen kurz noch einige Erörterungen über die Genauigkeitsgrenzen, die bei Bestimmung der einzelnen zur Leistungsberechnung nötigen Größen eingehalten werden müssen, um einen bestimmten Fehler bei ersterer nicht zu überschreiten, folgen.

Zuerst muß auf die im Folgenden wiedergegebenen Versuchsresultate von Hopkinson[15]) aufmerksam gemacht werden.

Bei diesen Versuchen wurden 16 Wellen[16]) einer reinen Verdrehungseichung unterzogen, die ersten 12 hatten einen Durchmesser von rund 250 mm, der Rest einen solchen von 270 mm.

---

[14]) Es handelt sich hier also um ein hyperbolisches Paraboloid. Die Mathematiker beziehen dasselbe auf Achsen, die um 45° gegen die oben angenommene verdreht sind. Die Koordinatenebenen liegen also in den Parabelschnittebenen.

Die Gleichung dieser Fläche auf jene Achse bezogen lautet bekanntlich:

$$\frac{x^2}{a^2} - \frac{y^2}{b^2} + 2pz = 0.$$

Die oben angegebene Form

$$PS = C_{1} . \Theta . n$$

dürfte dem praktischen Ingenieur verständlicher sein.

Für eine gegebene Dampfmaschine hat man eine ganz analoge Leistungsfläche; stellt nämlich p den mittleren Kolbendruck dar, so ist für eine Dampfmaschine

$$PS = C . p . n$$

wo C eine andere Konstante ist.

Wenn solche Flächen in den Maschinenlaboratorien vorhanden wären, so würden sie vielleicht das Verständnis manches jungen Studierenden in manchen Richtungen fördern können. Am meisten würde derselbe natürlich gewinnen, wenn er sich solche Flächen nach dem Honigkammuster aus Karton herstellt. Mancher junge Ingenieur würde jedenfalls einen weit größeren Vorteil und bleibenden praktischen Wert aus seinem mathematischen Studium ziehen, wenn in der analytischen Geometrie des Raumes den toten x, y und z öfter die Bedeutung von PS Θ oder p und n oder Q, H und n gegeben würde.

Die in den verschiedenen Oktanten liegenden Teile der obigen Fläche gewinnen sofort praktische Bedeutung, wenn der Richtungssinn der Umdrehungszahl n und der Verdrehung Θ festgelegt wird; sie entspricht dann einem Leistungsfluß von einer Richtung nach einer anderen.

[15]) Hopkinson, Notes on the measurement of shaft Horse-Power: Relation between Twist and Torque. Inst. Naval Architects, March 18, 1910.

The measurement of shaft Horse-Power, Engineering April 1, 1910, p. 429 f. Vergl. auch S. 411.

[16]) Leider ist eine die Natur des Materials dieser Wellen betreffende Bemerkung in obiger Veröffentlichung nicht zu finden.

Der Schubmodul G wurde dann für jede Welle aus der von Zeigern angegebenen Verdrehung und der vom Verdrehungsmesser angezeigten berechnet.

Die Zeigerabstände schwanken zwischen 2300 und 360 mm. Die Meßlänge des Torsionsindikators betrug 850 mm.

Die Ergebnisse der Eichungen sind in der folgenden Tabelle wiedergegeben:

	Nr. der Welle	Schubmodul x auf Grund d. Zeigeranzeige best.	10^{-6} in kg/cm² auf Grund d. Torsionsindik.-Anz. best.
250 ∅	1	0,850	0,870
„	2	0,835	0,875
„	3	0,849	0,853
„	4	0,836	0,890
„	5	0,860	0,866
„	6	0,835	0,849
„	7	0,863	0,860
„	8	0,849	0,840
„	9	0,850	0,835
„	10	0,845	0,870
„	11	0,847	0,860
„	12	0,844	0,859
270 ∅	13	0,861	0,850
„	14	0,840	0,849
„	15	0,839	0,846
„	16	0,836	0,846

Die größte Abweichung der Zeiger und Torsionsindikatoranzeigen beträgt über 6 %, und zwar sind die Torsionsindikatoranzeigen durchschnittlich die größten.

Auf den Wert 844 000 kg/cm² (entspr. $12 . 10^6$ lbs. q. Zoll dem mittleren in England bestimmten Wert für G) bezogen, weichen die Resultate um über 5 % nach oben und über 4 % nach unten von diesem ab. Die mittlere Abweichung für die 16 Wellen beträgt über 1 % von 844 000 kg/cm². Dieser Wert genauer $12 . 10^6$ lbs. sq. inch. = 843 710 kg/cm²) stellt das Mittel der in England für Schiffswellen bestimmten Werte für G dar. In Deutschland ist dieser Wert zu 828 000 kg/cm² festgestellt worden (vgl. Frahm und Föttinger a. a. O.). Die Abweichung des englischen Wertes beträgt nicht ganz 2 % nach oben hin. Solche Abweichungen findet man oft zwischen den in verschiedenen Ländern gefundenen Elastizitäts- und Festigkeitszahlen.

Aus den oben angegebenen Werten ist leicht zu ersehen, daß die einfache Zeigereichung noch keine volle Genauigkeit der Leistungsbestimmung gewährleistet, besonders wenn der Zeigerabstand bei derselben nicht mit der Meßlänge des Verdrehungsmessers übereinstimmt.

Am besten wird man daher tun, wenn man die Drehmomente in Abhängigkeit der Verdrehungsmesseranzeigen durch direkte Eichung an Ort und Stelle, wie früher angedeutet, bestimmt.

Hierbei werden die Fehler, die bei der Bestimmung von G, I_p und L unterlaufen können, gewissermaßen ausgeschaltet.

Um einen Überblick über den Einfluß einzelner Messungsfehler auf die Endresultate zu erlangen, kann in folgender Weise vorgegangen werden:

Wir hatten für den Verdrehungswinkel Θ den Ausdruck

$$\Theta = \frac{ML}{GI_p}$$

angegeben.

Nimmt man an, daß Θ, M, L, G und I um die unendlich kleinen Größen $d\,\Theta$, $d\,M$, $d\,L$, $d\,G$ und $d\,I$ verkehrt gemessen wurden, so stellt $\frac{d\Theta}{\Theta}$ usw. den relativen Fehler dar oder $\frac{d\Theta}{\Theta}$ mit 100 multipliziert gibt den prozentualen Fehler, der bei der entsprechenden Messung gemacht wurde.

Differenziert man den obigen Ausdruck, so erhält man

$$d\Theta = \frac{GI_p\,(MdL + LdM) - ML\,(GdI_p + I_pdG)}{G^2 I_p^2}$$

oder mit $\Theta = \frac{ML}{GI_p}$ auf entsprechenden Seiten dividiert

$$\frac{d\Theta}{\Theta} = \frac{GI_p\,(MdL + LdM) - ML\,(GdI_p + I_pdG)}{G^2 I_p^2} \cdot \frac{GI_p}{ML}$$

$$= \frac{MdL + LdM}{ML} - \frac{GdI_p + I_pdG}{GI_p}$$

$$= \left(\frac{dL}{L} + \frac{dM}{M}\right) - \left(\frac{dI_p}{I_p} + \frac{dG}{G}\right).$$

Hieraus geht sofort hervor, daß der prozentuale Fehler von Θ Null sein wird, sobald die Summe der bei der Messung von M und L gemachten Fehler gleich der Summe der bei der Messung von G und I_p begangenen ist. Solange also die Produkte $M\,L$ und $G\,I_p$ mit derselben Genauigkeit bestimmt werden, wird der Wert von Θ genau erhalten; dieses zu wissen ist dem Ingenieur, der solche Messungen unternimmt, sehr willkommen; er braucht sich dann nicht mit zeitraubenden lächerlich genauen Messungen abzugeben; im großen und ganzen kann man sagen, daß ein Ingenieur so etwas überhaupt nicht tun wird.

Sind die begangenen Fehler nicht klein, und will man über die Größe des Gesamtfehlers Auskunft haben, so kann man den folgenden allgemeinen Weg einschlagen, der freilich in den meisten Fällen mehr Arbeit macht wie der oben angedeutete des Differenzierens.

Bezeichnet man die begangenen Fehler der Reihe nach mit $\Delta\Theta$, ΔM usw., so kann man schreiben:

$$(\Theta + \Delta\Theta) = \frac{(M + \Delta M)(L + \Delta L)}{(G + \Delta G)(I_p + \Delta I_p)}.$$

Zieht man von der linken Seite Θ ab und von der rechten $\frac{ML}{GI_p}$ und dividiert erstere durch Θ und die letztere durch $\frac{ML}{GI_p}$, so erhält man nach entsprechenden Umformungen:

$$\frac{\Delta\Theta}{\Theta} = \frac{\left(\frac{\Delta L}{L} + \frac{\Delta M}{M} + \frac{\Delta L}{L} \cdot \frac{\Delta M}{M}\right) - \left(\frac{\Delta I_p}{I_p} + \frac{\Delta G}{G} + \frac{\Delta G}{G} \cdot \frac{\Delta I_p}{I_p}\right)}{\left(1 + \frac{\Delta I_p}{I_p} + \frac{\Delta G}{G} + \frac{\Delta G}{G} \cdot \frac{\Delta I_p}{I_p}\right)}.$$

Bei einem Vergleich der Ausdrücke für die relativen Fehler $\frac{d\Theta}{\Theta}$ und $\frac{\Delta\Theta}{\Theta}$ sieht man leicht, daß im ersteren Falle angenommen wird, daß die Produkte $\frac{\Delta L}{L} \cdot \frac{\Delta M}{M}$ usw. vernachlässigbar klein sind, was auch schon im Wesen der vorgenommenen Differenzierung liegt.

Die Fehler $\frac{dM}{M}$ und $\frac{dI_p}{I_p}$ können noch anders ausgedrückt werden: Das Moment M hängt ab von einer Hebellänge l und einer Kraft oder einem Gewicht q oder $M = q\,l$ oder $\frac{dM}{M} = \frac{dl}{l} + \frac{dq}{q}$.

Der Fehler von M setzt sich also zusammen aus der Summe der bei der Bestimmung von l und q begangenen Fehler.

Das polare Trägheitsmoment i_p für eine runde volle Welle vom Durchmesser d ist $\frac{\pi d^4}{32}$.

oder
$$dI_p = \frac{4\pi d^3 \delta d}{32}.$$

Durch $I_p = \frac{\pi d^4}{32}$ dividiert, ergibt

$$\frac{dI_p}{I_p} = \frac{4\pi d^3 \delta d}{32} \cdot \frac{32}{\pi d^4} = 4\,\frac{\delta d}{d}.$$

Soll also I_p auf 1 Gr. genau bestimmt werden, so muß d auf ¼ Gr. bestimmt werden.

Für die Leistung hatten wir früher den Ausdruck $M\omega$ gefunden.

Die Fehler, die hier vorkommen können, sind, wenn man den früher für $\frac{d\Theta}{\Theta}$ gefundenen Ausdruck umformt,

$$\frac{dM}{M} = \left(\frac{dG}{G} + \frac{dI_p}{I_p} + \frac{d\Theta}{\Theta}\right) - \frac{dL}{L} = \frac{dl}{l} + \frac{dq}{q}.$$

Der in ω gemachte Fehler wird abhängen von der Genauigkeit, mit der eine Anzahl Umdrehungen Z in der Zeit t Minuten festgestellt wurde; oder, da

$$\omega = \frac{2\pi n}{60} \text{ und } n = \frac{Z}{t}, \text{ also } \omega = \frac{2\pi}{60}\frac{Z}{t} \text{ ist, so ist}$$

$$\frac{d\omega}{\omega} = \frac{\frac{2\pi}{60}\left(\frac{tdZ - Zdt}{t^2}\right)}{\frac{2\pi}{60}\frac{Z}{t}} = \left(\frac{dZ}{Z} - \frac{dt}{t}\right) = \frac{dn}{n},$$

wo n die Umdrehungszahl pro Minute bedeutet.

Der Gesamtfehler bei der Leistungsermittelung ist

$$\frac{dM}{M} + \frac{d\omega}{\omega}$$

oder mit Einsetzung obiger Werte gleich

$$\left(\frac{dG}{G} + 4\frac{\delta d}{d} + \frac{d\Theta}{\Theta}\right) - \frac{dL}{L} + \left(\frac{dZ}{Z} - \frac{dt}{t}\right).$$

Ingenieure, welche sich mit der Bestimmung von Leistungen auf dem Wege der Verdrehungsmessung befassen, dürften den obigen Fehlergleichungen eine besondere Aufmerksamkeit schenken.

Wir wollen hier nur kurz erwähnen, daß, insofern die Verdrehungsmessung an einer glatten Wellenlänge vorgenommen wird, die Länge L leicht zu bestimmen sein wird und der Fehler $\frac{dL}{L}$ so klein wie praktisch möglich gehalten sein kann.

Wesentlich anders liegen jedoch die Verhältnisse, sobald Flanschen und Wellenstücke verschiedenen Durchmessers zur Anwendung gelangen. Handelt es sich nur um reine Wellenstücke mit verschiedenen Durchmessern, so ist schließlich die Reduktion der Einzellängen auf einen bestimmten Durchmesser zulässig. Die Reduktion hat hierbei im Verhältnis der vierten Potenzen der entsprechenden Durchmesser zu erfolgen, da die Trägheitsmomente diesen proportional sind. Handelt es sich dagegen um zwischenliegende Kupplungen usw., so muß ein solches Vorgehen in Anbetracht der bei solchen herrschenden Elastizitätsverhältnisse (Bolzenvorspannung usw.) sehr gewagt erscheinen. Der beste Weg ist hier eben die direkte Eichung.

Interessant ist es, die Ansichten von Leuten auf diesen Punkt hin zu untersuchen, die zur Verdrehungsmessung in irgend welcher Beziehung stehen. So sind z. B. Frahm und andere der Ansicht, daß die Reduktion im Verhältnis vierter Potenzen der Durchmesser erfolgen soll. Derselbe Weg wird auch in einer Beschreibung des Verdrehungsmessers von Maihak angegeben.

Kelvin und James White dagegen geben in ihren Prospekten als in die Berechnung einzuführende Länge diejenige an, die sich ergibt, wenn man von der gesamten zur Verdrehungsmessung benötigten Länge die gesamte Länge der zwischenliegenden Flanschen abzieht. Dieser Weg erscheint in Anbetracht der anderen Fehler, auf die man gefaßt sein muß, wenn man bei der Leistungsbestimmung rein rechnerisch vorgeht, nicht unangebracht. Man erspart sich jedenfalls ebenso langweilige wie zwecklose Rechnerei, wenn man diesen praktischen Weg einschlägt.

Aus der oben angegebenen Gleichung geht übrigens hervor, daß, je größer die Fehler, die in der Bestimmung der Größen des ersten Ausdrucks gemacht werden, desto größer auch der zulässige Fehler für die Länge L sein darf.

Beträgt z. B. der Fehler von G 2 %, d. h. $\frac{dG}{G} = 0{,}02$, der von d ½ % und von Θ 1 %, so ist $\left(\frac{dG}{G} + 4\,\frac{\delta d}{d} + \frac{d\Theta}{\Theta}\right) \cdot 100 = 5\,\%$, so darf man in L einen Fehler von 5 % machen und würde dabei unter sonst gleichen Umständen noch absolut genaue Resultate erhalten.

Wer sich mit dem Vorhergehenden vertraut gemacht hat, wird einsehen, daß der Fehler $\frac{d\Theta}{\Theta}$ sehr viel mit der Art, in der die Verdrehung gemessen wird, zu tun hat.

Wir hätten jetzt noch etwas über den Einfluß des Propellerschubes auf die Beanspruchung der Wellen zu sagen.

Man hat verschiedentlich die Beanspruchung berechnet, die bei dem Eintreten der kritischen Tourenzahl (siehe Seite 88 f.) bei Schiffswellen auftreten. Bei diesen Berechnungen ist die Beanspruchung aus der reinen Verdrehung berechnet worden, und muß hierzu bemerkt werden, daß, obwohl sich auf diesem Wege schon unzulässig hohe Werte für die Beanspruchung ergeben, eine Berücksichtigung des Propellerschubes bei solchen Berechnungen auf noch viel unzulässigere Werte für die Beanspruchungen führt.

Bedenkt man nämlich, daß Schwankungen im Propellerschub mit denen der Verdrehung Hand in Hand gehen, und daß einem plötzlichen scharfen Voreilen des Propellers ein ebenso scharfer Propellerschub entsprechen wird, so sieht man, daß bei der kritischen Tourenzahl sehr bedeutende Propellerschübe auftreten können.

Bedenkt man ferner, daß eine reine Schubspannung gleiche Zug- und Druckspannung unter 45 Gr. erzeugt, und zerlegt man den Propellerschub nach Fig. 8 nach diesen Richtungen, so sieht man leicht, daß die größte Druckbeanspruchung der Welle sich auf $T + \frac{S}{\sqrt{2}}$ beläuft, wo T gleich der durch die reine Verdrehung erzeugten größten Schubspannung $\left(\frac{M}{W_p} = \frac{M/\pi d^3}{16}\right.$ ist und $\frac{1}{\sqrt{2}}$ von cos 45 Gr. herrührt.

Dieser Hinweis auf das Auftreten der zusammengesetzten Spannungen in den Hauptspannungsrichtungen dürfte vielleicht auch dazu beitragen, die eigentümlichen Bruchflächengestaltungen zu erklären, die man bei Schraubenwellenbrüchen beobachtet hat:

Die wahrscheinliche Bruchfläche $x—x$ (Fig. 8) steht rechtwinklig zu der sich aus T und S ergebenden Gesamtkraft N. Der Winkel α zwischen dieser und der 45-Gr.-Fläche (reine Verdrehung) ergibt sich aus

$$\operatorname{tg} \alpha = \frac{S \cos 45^0}{S \cos 45^0 + T} = \frac{1}{1 + \frac{\sqrt{2}\,T}{S}},$$

also für $S = 0$ wird $\operatorname{tg} \alpha = \frac{1}{\infty} = 0$ oder $\alpha = 0$.

Nach dem verallgemeinerten Pytagoras ergibt sich N zu $\sqrt{S^2 + T^2 - 2\,S\,T \cos \gamma}$ und da $\gamma = (180° - 45°)$ und $\cos 45° = \frac{1}{\sqrt{2}}$ ist, so ergibt sich für N der Wert

$$\sqrt{S^2 + T^2 - \frac{2\,S\,T}{\sqrt{2}}}.$$

Es ist schließlich noch die Frage aufzuwerfen, ob es in Anbetracht der Bedeutung, welche die Wellen-PS-Messung für sich gewinnt, nicht angebracht wäre, bestimmte Normen für diese Art von Versuchen vorzusehen. So könnte z. B. die Schiffbautechnische Gesellschaft in Berlin den den Schiffbau interessierenden Teil überwachen, während der Verein Deutscher Ingenieure die Überwachung der Torsionsmessungen auf dem Lande übernehmen könnte.

Ein Befolgen solcher Bestimmungen würde jedenfalls Gründe zu Streitigkeiten über ermittelte Leistungen usw. ausschließen und auch vermeiden, daß solche widersinnigen Resultate bei den Verdrehungsmessungen gewonnen würden, wie es heute zuweilen der Fall ist, wo die Messungen jeglicher einheitlichen Kontrolle entbehren.

Wir gehen jetzt dazu über, einige Andeutungen über die Messung der Winkelgeschwindigkeit ω zu machen. Wie wir schon früher gezeigt haben, läuft dieselbe auf die Bestimmung der Umdrehungszahl n hinaus, da $\omega = \frac{2\pi}{60} \cdot n$ ist.

In ebenso einfacher wie zuverlässiger Weise läßt sich die Umdrehungszahl mittelst elektrisch erregter Stimmgabeln messen. Bei diesem Verfahren erfolgt die störende Kraft im Einklang mit der Umdrehungszahl. Die Eigenschwingungszahl der Stimmgabel wird so lange verändert, bis Resonanz erreicht ist. Die eingestellte Schwingungszahl entspricht dann der zu messenden Umdrehungszahl (siehe a. a. O.). Die Anordnungen von Bauer, Fränzel, Gümbel und Radinger kommen zu diesem Zwecke in Betracht.

Webb benutzt zur Umdrehungszahlbestimmung eine elektrisch erregte Stimmgabel mit einstellbarer Eigenschwingungszahl in Verbindung mit dem Hörer seines Verdrehungsmessers (Bd. I S. 36). Die Schwingungszahl der Stimmgabel wird so lange verändert, bis ihr Ton mit dem der Hörermembran übereinstimmt, d. h. bis beide dieselbe Schwingungszahl ausführen.

Bei den Zungenresonanztachometern und Frequenzmessern[17]) von Frahm wird die Umdrehungszahl auch durch Schwingungserregung gemessen. Stäbe verschiedener Schwingungszahl sind auf einer Unterlage befestigt. Wird der Unterlage eine periodische Bewegung erteilt, entweder durch Aufstellen an der Maschine selbst oder durch Elektromagnete, so gerät derjenige Stab in die heftigsten Schwingungen, dessen Eigenschwingungszahl mit der Schwingungszahl der periodischen Störung übereinstimmt. Die Stäbe schlagen nach der Resonanzkurve aus, d. h. sie vollführen eine stehende Schwingung, deren Ausschläge von den Eigenschwingungszahlen der einzelnen Stäbe abhängen.

Das in Bd. I S. 71 Fig. 30—31 gezeigte Voltmeter kann in Verbindung mit einer kleinen Gleichstrommaschine auch zur Bestimmung der Umdrehungszahl herangezogen werden. Näheres findet man in den schon an anderer Stelle angegebenen Werken über Geschwindigkeitsmessungen.

Die hier angegebenen elektrischen Verfahren ermöglichen alle die Fernmessung (Überwachung der Schraubenumdrehungszahl bei Schiffen usw.).

Es gibt eine ganze Reihe sehr handlicher Umdrehungszähler (Horn, Maihak u. a.), die auf dem Regulatorprinzip beruhen; doch ist es unnötig, hier auf dieselben näher einzugehen.

---

[17]) Siemens & Halske.

Eine große Zahl anderer Umdrehungszahl- und Geschwindigkeitsmesser baut sich auf der Wahrnehmung auf, daß bei Flüssigkeiten, die um eine vertikale Achse rotieren, deren freie Oberfläche die Form einer Umdrehungsparaboloidbegrenzungsfläche annehmen, deren Fußpunkt sich mit Veränderung der Umdrehungszahl verschiebt[18]). Die zur Verwendung gelangenden Flüssigkeiten sind meistens Glyzerin, Oel oder Quecksilber, seltener gefärbtes Wasser. Dieses sind die sogenannten Gyrometer (vgl. das von Brown, Niethammer a. a. O.).

Ebensogut kann die Umdrehungszahl aus dem Umstande bestimmt werden, daß die freie Oberfläche einer um eine horizontale Achse rotierenden Flüssigkeit eine Zylinderfläche ist, deren Achse sich je nach der Umdrehungszahl parallel zur Drehungsachse verschiebt[19]). Bei der Umdrehungszahl Null liegt sie im Unendlichen, während sie bei unendlich großer Umdrehungszahl mit der Drehungsachse zusammenfällt.

Einen Apparat der ersten Art hat Jervis-Smith[20]) konstruiert. Der Apparat besteht aus einem mit Quecksilber angefüllten Glasgefäß mit umgebördelten Rändern, in das ein feststehendes Rohr taucht. Das Rohr ist am unteren Ende stark erweitert und hat am oberen Ende eine sehr geringe Bohrung, so daß der Inhalt des unteren Teiles

---

[18]) Mit Hilfe der aus der Hydrokinetik bekannten Niveauflächengleichung oder Gleichung der Flächen gleichen Druckes

$$X\,dx + Y\,dy + Z\,dz = 0$$

läßt sich zeigen, daß der Hauptschnitt der freien Oberfläche der Gleichung

$$\frac{dx}{dz} = \frac{g}{\omega^2} \cdot \frac{1}{x} \text{ oder } x^2 = 2\,\frac{g}{\omega^2}\,z + C$$

genügt, d. h. eine Parabel ist.

$\frac{2g}{\omega^2}$ ist bekanntlich der Parameter der Parabel und hängt also von der Erdbeschleunigung und der Winkelgeschwindigkeit ω um die Z-Achse ab, und zwar vom Quadrate derselben. Hieraus sieht man die Möglichkeit, aus der Lage des Parabelscheitels auf die Umdrehungszahl n, die durch $\omega = \frac{2\pi n}{60}$ gegeben ist, zu schließen.

[19]) Aus der in Fußnote 18 angegebenen Gleichung für die Flächen gleichen Druckes ergibt sich für einen Schnitt parallel zur x—z-Achse die Gleichung:

$$\frac{dz}{dx} = -\frac{x}{z - g/\omega^2} \text{ oder } R^2 = x^2 + \left(z - \frac{g}{\omega^2}\right)^2,$$

d. i. die Gleichung eines Kreises, dessen Mittelpunkt die Entfernung g/w^2 vom Koordinatenursprung hat, aus welchem Umstand die Möglichkeit der Messung von n wie in Fußnote 18 folgt.

[20]) Smith, On a New Form of Ergometer (Dynamometer). Phil. Mag. Feb. 1883, p. 90.

etwa 20mal größer ist als der des oberen. Das feststehende Rohr ist zum Teil mit gefärbter Flüssigkeit angefüllt, die von der Oberfläche des Quecksilbers unterstützt wird. Wird das Glasgefäß in Umdrehung versetzt, so senkt sich als direkte Folge hiervon die Quecksilberoberfläche, und der gefärbte Flüssigkeitsfaden gibt diese Aenderung in entsprechend großem Maßstabe wieder.

Das Wesentliche dieser Anordnung anderen Gyrometern gegenüber ist das Vorhandensein des feststehenden Anzeigerohres, sowie der Umstand, daß nicht der Fußpunkt des Paraboloids beobachtet wird, sondern die verhältnismäßig große Bewegung eines gefärbten Flüssigkeitsfadens, was natürlich eine viel leichtere und genauere Ablesungsmöglichkeit gewährleistet.

Ein anderer Apparat, der die Messung der Umdrehungszahl ermöglicht, ist der Fernanzeiger von Heutze[21]).

Dieser Apparat ist in Fig. 18 dargestellt. Die Schnecke *L* wird von der betreffenden Maschine, deren Umdrehungszahl zu messen ist, angetrieben. Das Gehäuse ist mit Glyzerin angefüllt und wird in der Richtung der Pfeile gegen eine kreisförmige Scheibe *P* gedrückt, die mittelst über Kreuz stehender Flachfedern *F* im Gehäuse befestigt ist. Die Scheibe trägt auf ihrer Achse einen aus runden Scheiben zusammengesetzten Eisenkern, der je nach der Stellung der Scheibe *P* mehr oder weniger tief in eine im Gehäuse befestigte Spule *S* hineinragt. An die Spule *S* ist ein Wattmeter *W* angeschlossen. Die Zuleitung wird an eine Wechselstromspannung *E* gelegt. Die Spule *S* mit ihrem Kern wirkt als Drosselspule. Die Eichung des Apparates erfolgt durch den Versuch. Von einer gewissen unteren Geschwindigkeit an verlaufen die Eichkurven sehr gesetzmäßig.

Dem Prinzip nach eignet sich die Scheibenanordnung dieses Apparates zur Messung von Strömungsgeschwindigkeiten sowie der Messung von Schiffsgeschwindigkeiten. Hierbei wird dem Flüssigkeitsdruck auf die Scheibe *P* durch die Federn *F* das Gleichgewicht gehalten; die Größe dieses Druckes dagegen wird durch die der relativen Lage von Spule *S* und Kern *K* entsprechende Anzeige des Wattmeters *W* bestimmt. Aus der Größe des Druckes folgt ohne weiteres die Geschwindigkeit. Zu bemerken ist jedoch, daß dieser Apparat nur in ruhendem Wasser eine Absolut-Geschwindigkeit anzeigen würde, in anderen Fällen nur die Relativgeschwindigkeiten.

Soweit für die Bestimmung der Umdrehungszahl *n*. Wir wollen hier noch kurz auf die sogenannten

---

[21]) E. T. Z. 1902, Seite 1095.

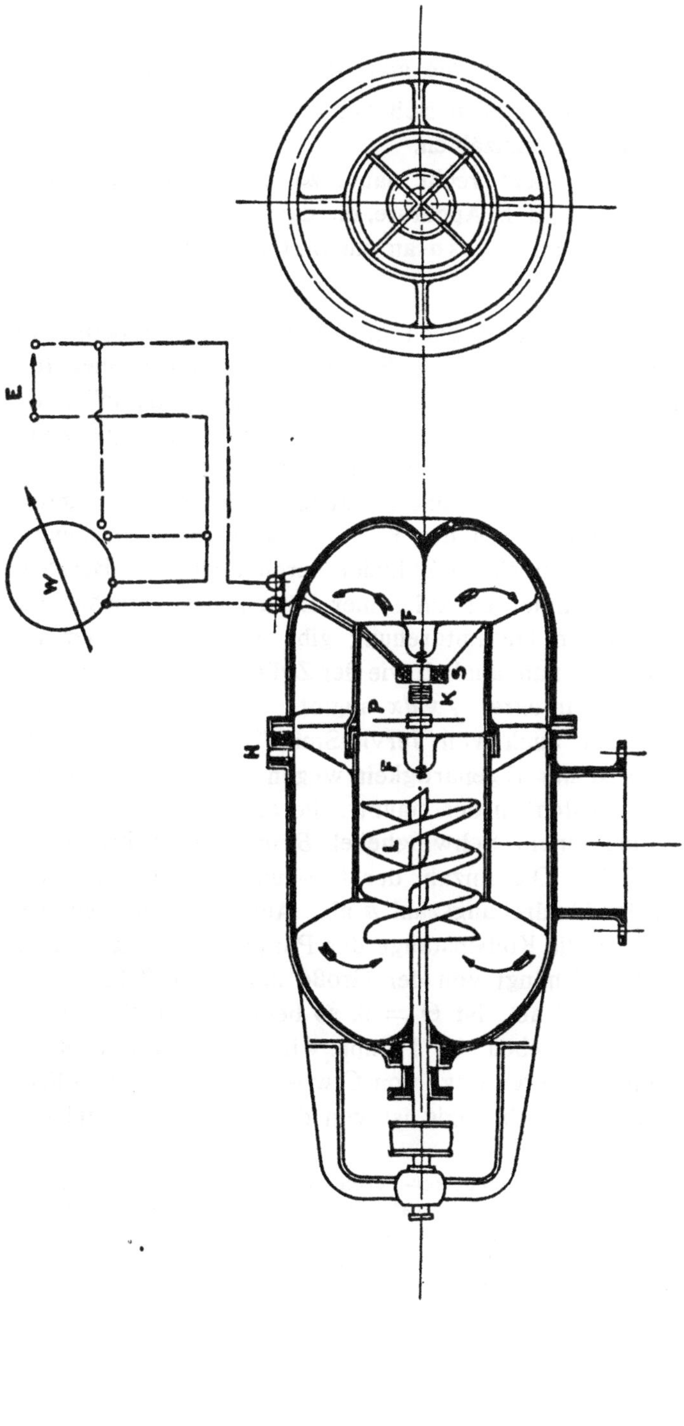

Fig. 18.

eingehen.

Dieses sind Apparate, die mechanisch das Integral $\int P \cos \alpha \frac{ds}{dt}$ bestimmen, d. h. sie stellen sich zur Aufgabe, die unendlich kleinen Leistungen zusammenzuzählen.

Der Gedanke liegt recht nahe, zu diesem Zwecke überhaupt direkte Integraphen, d. h. Apparate, die das Integral $\int y\, dx$ bestimmen, heranzuziehen, indem $P \cos \alpha$ an die Stelle von y tritt und dx durch $\frac{ds}{dt}$ ersetzt wird

Dieser Gedanke liegt auch in der Tat einem Arbeitszähler von Jervis-Smith zugrunde. Jervis-Smith[22]) hat nämlich einen Integrierapparat konstruiert, der dem Thomson's[23]) nicht unähnlich ist. Bei der Anordnung von Jervis-Smith werden einer Halbkugel zwei unabhängige Drehungen um rechtwinklige Achsen, die durch ihren Mittelpunkt gehen, erteilt. Die eine Drehung hängt von der Umdrehungszahl ab, die andere von der Kraft bezw. dem Verdrehungswinkel. Die Kugel wird mit einem Zylinder durch Federn in Berührung gehalten. Der Zylinder ist auf seiner Längsachse verschiebbar angeordnet, und seine Gesamtdrehung gibt die Summe aller unendlich kleinen Leistungen an, ähnlich wie der Zylinder bei der Thomson'schen Anordnung das Integral $\int y\, dx$ angibt.

Ein anderer auch von Jervis-Smith[24]) herrührender Leistungszähler dürfte seiner Eigenartigkeit wegen von Interesse sein.

Derselbe besteht in der Hauptsache aus einer drehbar gelagerten Pumpe A und einem Schwinghebel B und ist in Fig. 19 schematisch dargestellt. Die Anzahl der Hin- und Herschwingungen von B hängt von der Umdrehungszahl n ab. Auf B ist ein Gleitstein C gelagert, mit dem die Kolbenstange der Pumpen gelenkig verbunden ist. Die Lage von C hängt von der Größe der Kraft P bezw. dem Verdrehungswinkel Θ ab. Ist $\Theta = 0$, so befindet sich C im Drehpunkte von B, und der Kolben der Pumpe wird keine Bewegung erfahren. In irgend einer anderen Lage von C wird die Pumpe eine Flüssigkeitsmenge fördern, die abhängig ist von der Umdrehungszahl n und der

---

[22]) Deutsche Mathematiker-Vereinigung, 1892, Katalog mathematischer Modelle usw. 85. Smith's Integrator speziell zur Auswertung der Arbeit in Verbindung mit Dynamometern oder Ergometern bestimmt.

Mechanical Integrator Pamphlet p. 6; No. 22, p. 11. Descriptive Catalogue Roy. Soc. May 2, 1894.

[23]) Vergl. Orlich a. a. O., Harmonische Analysatoren.

[24]) Loc. cit. p. 89.

Entfernung von *C* vom Drehpunkt von *B*, und da letztere von der Größe Θ abhängig ist, so wird die Gesamtfördermenge der Pumpe *A* dem Produkte $\Theta . n$ entsprechen, d. h. proportional der Leistung sein.

Hirn und Föttinger haben, wie schon an anderer Stelle (Bd. II S. 39 Note 22) erwähnt wurde, Arbeitszähler entworfen, die auf dem Planimeterprinzip beruhen. Bei der Hirn'schen Anordnung ist eine Scheibe vorgesehen, die um eine rechtwinklig zu ihr stehenden Achse eine Drehung erfährt, die von der Umdrehungszahl der Welle abhängig ist. In der Mitte dieser Scheibe ist eine Planimeterrolle aufgesetzt,

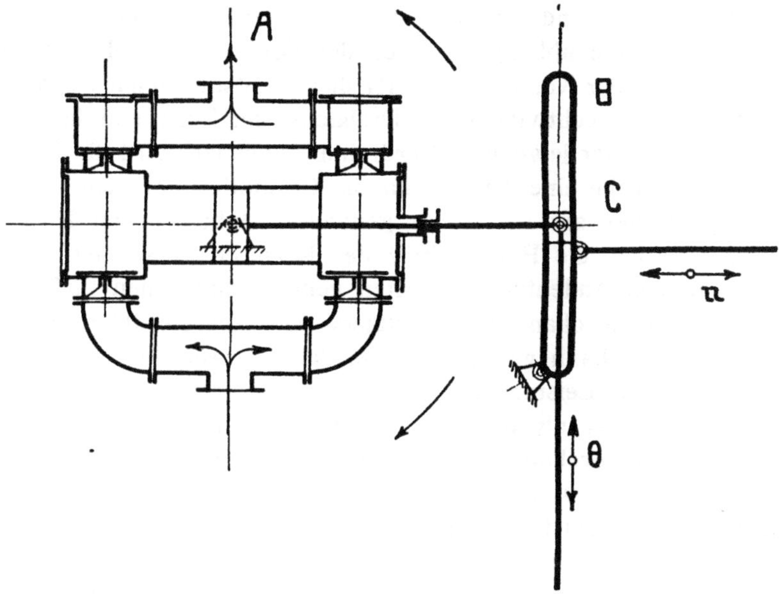

Fig. 19.

die mit zunehmender Verdrehung radial auf der Scheibe verschoben wird, und zwar so, daß die Drehachse der Rolle nach dem Mittelpunkt genannter Scheibe gerichtet ist. Da bei dieser Anordnung die Umfangsgeschwindigkeit an irgend einem Punkte der Scheibenoberfläche von dem Abstand dieses Punktes von der Scheibenmitte sowie deren Umdrehungszahl abhängt, erstere von der Größe der Verdrehung abhängt, so wird die Gesamtumdrehung des Planimeterrades die Leistungssumme anzeigen. Bei keiner Verdrehung befindet sich das Rad, wie eben schon gesagt, in der Mitte der Scheibe, und es kann trotz der Umdrehungen der Scheibe keine Bewegung der Planimeterrolle eintreten.

In ganz ähnlicher Weise führt Föttinger die Leistungssummierung aus. Im wesentlichen besteht seine Anordnung aus einer Trommel, die gegen die kraftübertragende Welle fest gelagert ist. Die Welle dagegen trägt eine Planimeterrolle, die mit der Trommel in Berührung steht. Die Rolle ist so angeordnet, daß bei keiner Verdrehung ihre Ebene durch die Wellenachse geht. In dieser Stellung kann die Rolle bei einer Bewegung der Welle nur auf der Trommel gleiten, ohne sich zu drehen, d. h. die Bewegung erfolgt parallel zur Drehachse der Rolle. Tritt eine Verdrehung der Welle ein, so ist die Anordnung so getroffen, daß die Rollenebene gegenüber ihrer Nullage eine der Verdrehung entsprechende Drehung erfährt. Hierdurch erfährt die Rolle eine Drehung, die abhängig ist von der Größe der Umdrehungszahl der Welle und der Komponenten der dieser entsprechenden Umfangsgeschwindigkeit rechtwinklig zur Drehachse der Rolle, und da letztere von der Größe der jeweiligen Verdrehung abhängt, wird die Gesamtdrehung der Rolle eine Anzeige für die Gesamtleistung sein. Im einzelnen muß hier auf die früher genannten Arbeiten von Hirn und Föttinger, sowie die Patentschrift des letzteren verwiesen werden.

Die obigen Andeutungen dürften genügen, um einen Einblick in das Wesen der mechanischen Leistungs- oder Energiezähler zu geben. Im allgemeinen kann gesagt werden, daß die Anordnung sowie die Ausführung der Leistungszähler für die Verdrehungsmessung eine viel einfachere ist als die der aufzählenden Indikatoren. Wie die elektrischen Verdrehungsmesser sich als Leistungsmesser ausbilden lassen, ist schon an entsprechenden Stellen gezeigt worden; diese ermöglichen die Leistungszählungen aus der Ferne (Bd. I S. 23, 34, 36, 38, 42, 48, 66, 66 f).

In Fig. 20 ist gezeigt, wie der in Fig. 17 Bd. II S. 59 dargestellte Verdrehungsanzeiger in einen Leistungszähler umgewandelt werden kann.

Die Bezeichnungen sind dieselben wie in der Fig. 17 Bd. II S. 59. *A* ist die Welle und *B* der Arm, der die Vorrichtung *E* trägt. Die Drehung der auf *G* gelagerten Scheibe *F* wird durch Drähte *I* auf eine Rolle *H* übertragen. Die Achse dieser Rolle ist auf *G* gelagert und trägt eine Zählrolle *K*. Bei keiner Verdrehung steht diese so, daß ihre Ebene radial verläuft. *K* steht mit einem Flansch *L*, der durch das Differentialgetriebe *M* und *N* gegen die Welle *A* bewegt wird, in Berührung. Bei keiner Verdrehung gleitet die Rolle *K* auf dem Flansch *L*, sobald eine Bewegung zwischen beiden besteht. Tritt eine Verdrehung ein, so hat die Richtung der Ebene von *K* eine tangentiale Komponente, und es tritt eine der Größe der Verdrehung und der gegenseitigen Bewegung entsprechende Drehung von *K* ein. An Stelle von *K* kann natürlich jede andere Vorrichtung treten, die es ermöglicht, eine Bewegung zu erzeugen, die dem Produkte der Verdrehung und der Umdrehungszahl proportional ist. Wie schon in Fußnote 36 auf Seite 61 Bd. II bemerkt, kann diese Anordnung zugleich mit der der Fig. 17 Bd. II vereinigt werden. Man wäre dann imstande, den Arbeitsverlauf im einzelnen zu übersehen, und hätte auch sofort den Wert der Gesamtleistung; bei längeren Versuchen würden beide Vorrichtungen sich gegenseitig vorzüglich kontrollieren.

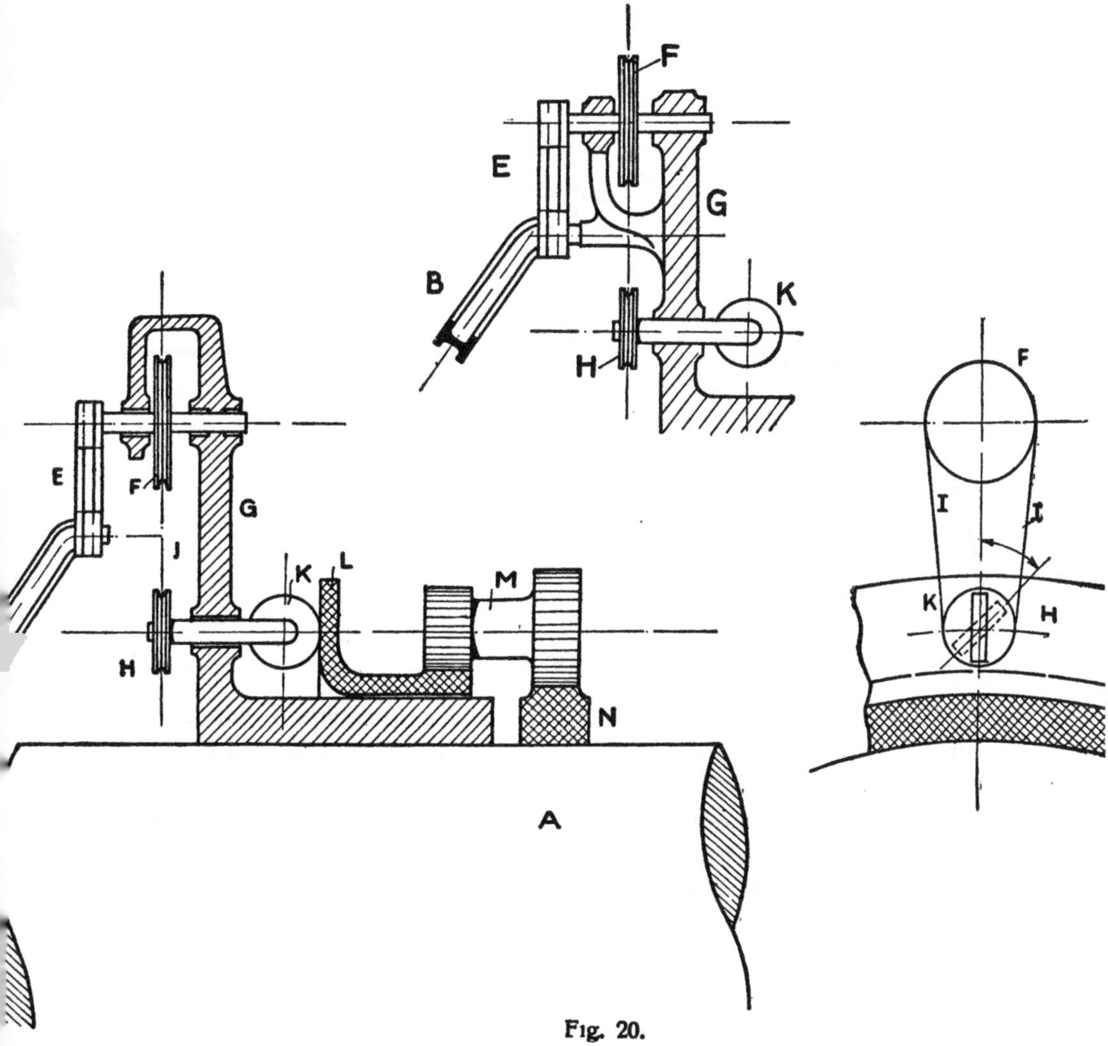

Fig. 20.

Die Bewegung zwischen *K* und *L* kann mittelst des Differentialgetriebes auf jede beliebige Größe gebracht werden. Bei gedrängter Bauart können *K* und *L* auf die linke Seite von *G* gelegt werden. Dieses kann auch mit der Trommel *N* der Fig. 17/II geschehen. Im Falle die Anordnungen der Fig. 17/II, 20 vereinigt werden, würde der Flansch *L* natürlich neben der Rolle *K* auch die Trommel *N* antreiben.

Zur Fernanzeige der Leistung kann die Rolle *K* mit elektrischen Kontakten ausgestaltet werden, die irgend eine Aufschreibvorrichtung betätigen oder nur Signale auslösen, wie wir das schon an anderen Stellen erwähnt haben.

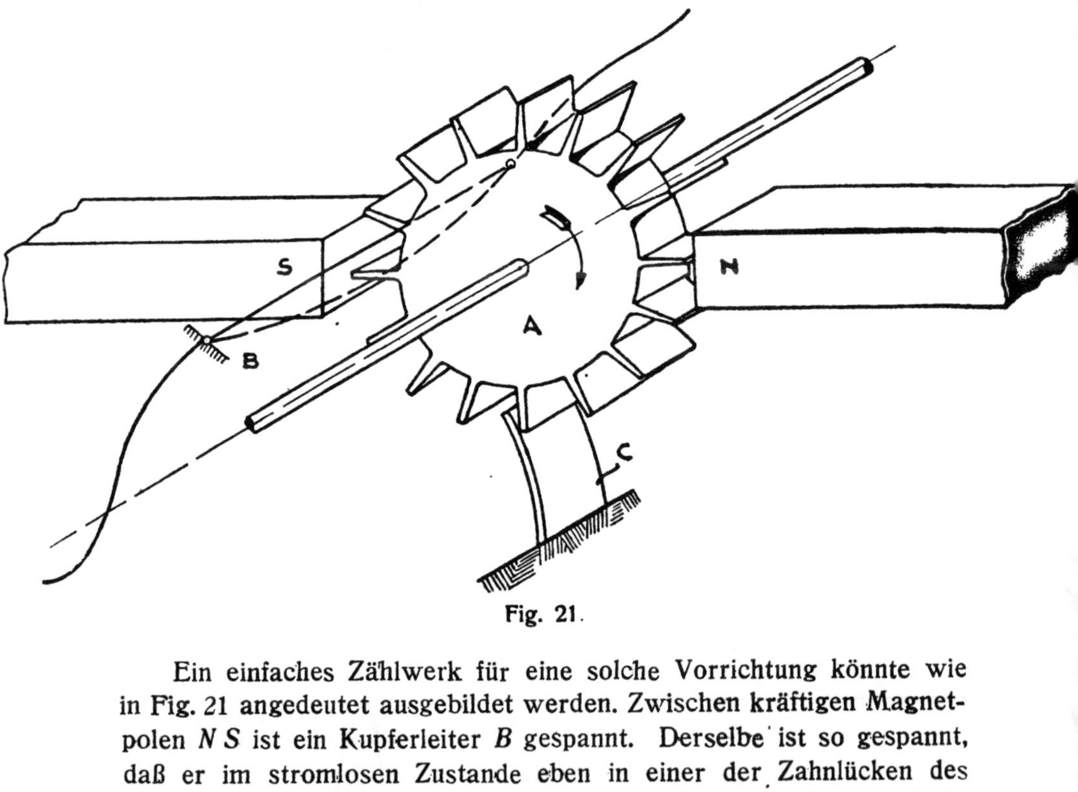

Fig. 21.

Ein einfaches Zählwerk für eine solche Vorrichtung könnte wie in Fig. 21 angedeutet ausgebildet werden. Zwischen kräftigen Magnetpolen *N S* ist ein Kupferleiter *B* gespannt. Derselbe ist so gespannt, daß er im stromlosen Zustande eben in einer der Zahnlücken des Rädchens *A* ruht; die Bewegung des Rades *A* wird nach einer Richtung hin durch die Sperre *C* gesperrt.

Wird auf der Welle durch die Rolle *K* Kontakt gemacht, so fließt ein plötzlicher Strom durch *B*, und der Leiter schiebt sich über einen Zahn des durch *C* festgehaltenen Rades hinweg, um beim Stromloswerden wieder in seine frühere Lage zurückzuschnellen; dabei wird

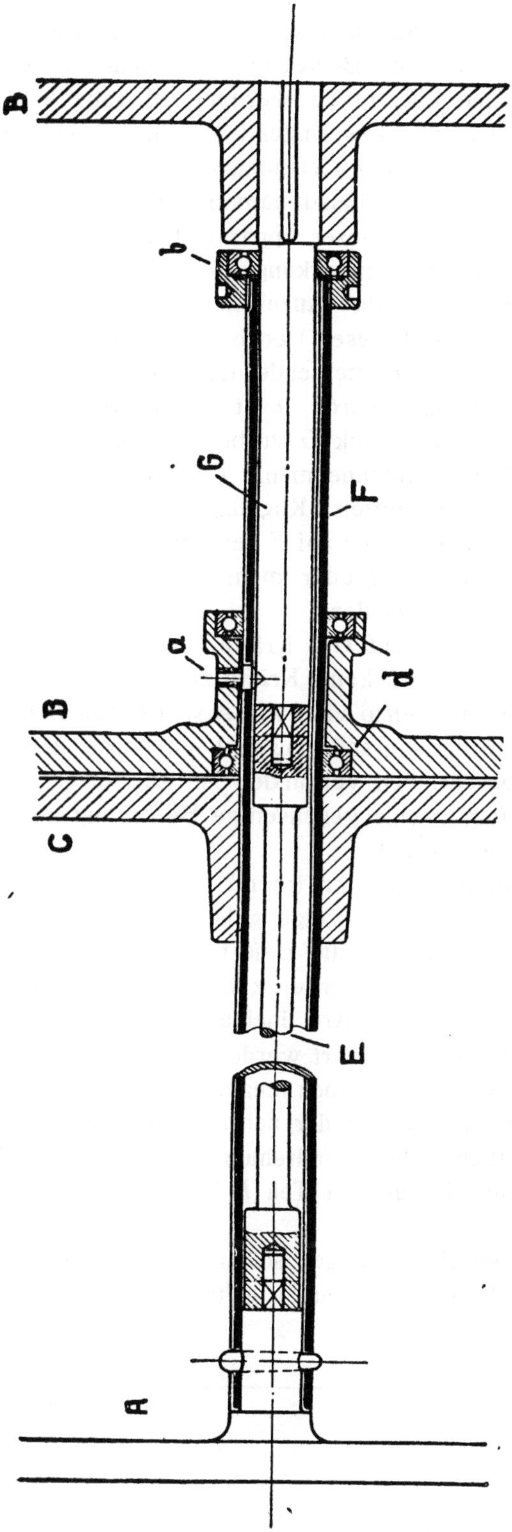

Fig. 22.

das Rad *A* mitgenommen und somit bei jedem Kontaktmachen um einen Zahn gedreht. Die Bewegung des Rades *A* kann dann auf andere Zählrädchen übertragen werden. In ganz ähnlicher Weise läßt sich ein Zählwerk mit springenden Zahlen ausführen.

Die hier beschriebenen Leistungsmesser sind bis jetzt in der Hauptsache bei Transmissionsdynamometern zur Verwendung gelangt. Der Hauptnachteil dieser Apparate liegt bekanntlich darin, daß dieselben wegen der Massenwirkungen ihrer Federn usw. bei höheren Umdrehungszahlen unrichtige Anzeigen geben. Die in Fig. 22 dargestellte Anordnung soll diesen Uebelstand beseitigen. *A* und *B* sind Flanschen, denen die zu messende Leistung zugeführt, bezw. von denen dieselbe abgeführt wird. *A* ist mit *B* durch ein Verdrehungsstück *E* und das Wellenstück *G* verbunden. *E* und *G* haben die zu übertragenden Kräfte aufzunehmen. Eine hohle Welle *F* ist mit *A* verbunden und auf *G* mittelst Kugellager *b* gelagert. *F* trägt eine Scheibe *C*. Die Scheibe *D* ist auf *F* vermittelst der Kugellager *d* drehbar gelagert. Durch eine oder mehrere Schrauben wird *D* mit *G* durch Öffnungen *a* verbunden.

Überträgt der Teil *A E G B* Kräfte, so verdreht sich der Teil *E*, und da die hohle Welle *F* keine Kräfte zu übertragen hat, so bewegt sich die Scheibe um ebenso viel, wie *A* sich gegen *B* bewegt, und da der Teil *G* so kräftig sein soll, daß er keine Verdrehung erleidet, und *D* mit *G* wie beschrieben verbunden ist, so bewegt sich *D* wie *B*, d. h. *C* und *D* führen eine gegenseitige Bewegung aus, die der Verdrehung von *E* entspricht.

Diese Bewegung kann auf irgend einen der im vorhergehenden beschriebenen Wege zur Anzeige gelangen. *A* ist so mit *F* durch einen Keil verbunden, daß die Befestigung jederzeit gelöst werden und der Teil *E* ausgebaut werden kann. *A*, *E* und *G* greifen in der in Fig. 22 angedeuteten Art ineinander. Die Teile *E* können aus bestem Material ausgeführt werden und einer Eichung unterzogen werden. Es ist wohl nötig, noch hinzuzufügen, daß ein solches Transmissiondynamometer wegen der achsialen Anordnung von *E*, selbst bei außerordentlich hohen Umdrehungszahlen von Fliehkräften, soweit diese natürlich nur den Teil *E* betreffen, unbeeinflußt bleiben würde.

Die folgenden Erörterungen sollen der Messung des Schraubenschubes von Schraubenfahrzeugen gelten.

Die Messung des Schraubenschubes bei Schraubenfahrzeugen.

Wir hatten schon im vorhergehenden Kapitel Gelegenheit, auf die Bedeutung, die die Bestimmung des Schrauben- oder Propellerschubes für den Schiffbau hat, hinzudeuten; es gibt indessen noch andere Gründe als wie die schon angegebenen, die für die Messung des Propellerschubes sprechen, nämlich das Bedürfnis, die oft auf reinen Annahmen beruhenden Berechnungen der Schiffsschrauben und des Schiffswiderstandes auf ihre Richtigkeit hin bei der praktischen Ausführung zu prüfen[1]). Allerdings werden solche Annahmen zum Teil durch den Vergleich mit bewährten und ähnlichen Ausführungen gerechtfertigt, doch muß zugestanden werden, daß selbst die wichtigsten Daten solcher Unterlagen oft nur angenähert und oft nur mit großer Ungewißheit festliegen, zudem nicht immer den vorliegenden Verhältnissen vollauf genügen. Diese und ähnliche Erwägungen haben dazu geführt, daß man heute bestrebt ist, die Wirkungsgrade der Antriebsmaschinen, sowie den der fortbewegenden Teile, der Schrauben, direkt zu bestimmen. Zudem ermöglichen solche Bestimmungen einen tieferen Einblick in das Zustandekommen der Gesamtleistung eines Fahrzeuges. Wie aus den auf Seite 25 angegebenen Gleichungen hervorgeht, sind es vor allem drei Größen, die für die Leistung eines Fahrzeuges ausschlaggebend sind, d. i. die erreichte Geschwindigkeit und das Drehmoment, sowie der Schub des Propellers.

Die Bestimmung der Geschwindigkeit in ruhendem Wasser bietet keine Schwierigkeiten. Bei Probefahrten folgt dieselbe aus der Zeit, die nötig ist, um bestimmte im voraus festgesetzte Strecken zu durchlaufen. Auf See wird dieselbe mit Hilfe von Schleppschrauben oder sogenannten Logs und Zählwerken bestimmt[2]) (Massey's; Walker's „Cherub").

---

[1]) Wie schon Flamm (vergl. Jahrbuch der Schiffbautechnischen Gesellschaft 1905 Seite 176) näher gezeigt hat, würde sich aus der Möglichkeit des Vergleiches zwischen den Ergebnissen der Modellschleppversuche und den an wirklichen Ausführungen gewonnenen Resultaten eine genauere Prüfung der Froud'schen Theorie sowie gegebenenfalls eine Verbesserung oder Verfeinerung derselben ergeben.

(Man vergl. die Ausführungen von Flamm an oben angegebener Stelle.)

[2]) Zur fortlaufenden Anzeige der Schiffsgeschwindigkeit scheint das sogenannte Venturimeter geeignet zu sein. In seiner Grundform besteht dasselbe aus einem an den Enden erweiterten und in der Mitte verengten Rohr. Wird der Druck der Ruhe an der Rohrerweiterung mit P_I und an der Verengung mit P_{II} bezeichnet, so ergibt sich die jeweilige Geschwindigkeit am

Die Messung der Absolutgeschwindigkeit in bewegtem Wasser bietet schon bedeutende Schwierigkeiten, indem sie neben der Messung der relativen Geschwindigkeit die Beobachtung einer zweiten, nämlich der des Wassers, verlangt; doch würde es zu weit führen, hier näher auf diese Messungen einzugehen[3]).

Über die Bestimmung des Drehmoments dürften wir uns im Vorhergehenden genügend verbreitet haben; es bleibt uns also nur noch übrig, näher auf die Messung des Propellerschubes einzugehen[4]).

Der der Propellerschubmessung meist zugrunde liegende Gedankengang ist etwa folgender: Die treibende oder bewegende Kraft beim Fahrzeug stammt naturgemäß vom Propeller her und hat ihren Angriffspunkt im Drucklager; kann man also diese Kraft auf irgend einem Wege bestimmen, so hat man die Größe des Propellerschubes, oder, was dasselbe ist, die Größe des momentanen Schiffswider-

---

Eintritt des Rohres, also diejenige, mit der das Rohr durch das Wasser bewegt wird, nach dem Bernouilli'schen Satz aus

$$C \sqrt{P_I - P_{II}}$$

wo C eine Konstante und gleich

$$\eta \frac{A_{II}}{\sqrt{A_I^2 - A_{II}^2}} \cdot \sqrt{\frac{2g}{w}} \quad \text{ist.}$$

Hierin bedeuten A_I und A_{II} die den Drucken P_I und P_{II} entsprechenden Querschnitte und w das Gewicht eines Kubikmeters Wasser in kg. Die Drucke P_I und P_{II} sind dann in kg/qm zu messen. η ist eine Konstante, die durch Eichung zu finden ist.

Die beste Form eines solchen Rohres ließe sich in hervorragender Weise durch das Strömungslinienverfahren von Hele-Shaw (a. a. O.) bestimmen. Dieses Verfahren kann auch benutzt werden, um festzustellen, inwieweit das Wasser an den Druckabnahmestellen des Rohres wirklich ruhend ist und wie diese Stellen gegebenenfalls zu gestalten sind, um wirkliche Ruhe des Wasser zu erlangen.

Bei sehr geringen Geschwindigkeiten arbeiten die Venturimeter bekanntlich nicht sehr zufriedenstellend, oder, besser gesagt, die geringe Druckdifferenz, die diesen entspricht, ist schwer festzustellen. Für solche Fälle könnte man daher ein besonderes kleines Venturimeter von geeigneten Abmessungen neben einem größeren verwenden.

[3]) Ein sehr interessanter Aufsatz über die Messung der Absolutgeschwindigkeit bei Luftschiffen mit Hilfe der Kraftlinien des Erdfeldes findet sich in der Deutschen Zeitschrift für Luftschiffahrt, 23. Febr. 1910, Dickmann, Magnetische und elektrische Probleme für die Luftschiffahrt.

Vergl. auch Fahrtmesser von Strangmeyer, Johow's Hilfsbuch für den Schiffbau (Springer) 1910, Seite 611 f.

[4]) Es ist hier zu bemerken, daß nur die bei Fahrt gewonnenen Ergebnisse für die Größe des Propellerschubes für den Schiffbauer von eigentlichem Nutzen sind. Die bei festliegendem Schiff gemessenen Schübe werden stets zu große Werte ergeben, da bei diesen die ungünstige Wasserzuführung wegfällt.

standes, da man annimmt, daß dieser dem Propellerschub gleich und entgegengesetzt ist. Hierbei ist natürlich auf andere Einflüsse, wie Seegang, Wind usw., sowie die Beschleunigungskräfte keine Rücksicht genommen. Zudem hat man heute einwandfrei festgestellt, daß der Propellerschub ebenso wie das Drehmoment periodischen Schwankungen unterworfen sind; es wäre richtiger, wenn man sagte, der mittlere Propellerschub stimmt mit der mittleren treibenden Kraft, soweit die Antriebsmaschinen in Betracht kommen, überein, und die von demselben geleistete Arbeit stimmt mit derjenigen überein, d e nötig ist, um die der Bewegung des Fahrzeuges entgegengesetzten Widerstände zu überwinden, woraus folgen würde, daß der mittlere Propellerschub dem mittleren der Bewegung entgegengesetzten Widerstand entspricht.

Aus diesen kurzen Darlegungen geht schon zur Genüge hervor, daß man bei einem Rückschluß von dem gemessenen Propellerschub auf die Schiffswiderstände eine gewisse Vorsicht obwalten lassen muß. Es erscheint im allgemeinen daher auch nicht angängig, einzelne Werte des Propellerschubes zu bestimmen, sondern es erscheint vielmehr, ebenso wie bei der Torsionsmessung, weit richtiger, den Wert des Propellerschubes fortlaufend aufzuzeichnen in bezug auf den zurückgelegten Weg, und dem mittleren Wert die oben angegebene Bedeutung beizulegen[5]).

Bei der Beurteilung von gewonnenen Ergebnissen wird es von Nutzen sein, sich stets den Umstand vor Augen zu halten, daß die gemessene Größe im besten Falle nur derjenigen Kraft entsprechen kann, die zwischen dem Propeller und seiner Befestigung am Schiffskörper wirkt, und es ist nach Obigem leicht einzusehen, daß diese Größe in ungünstigen Fällen von vielem anderen abhängen wird, als

---

[5]) Durch geeignete Vorrichtungen kann die Geschwindigkeit mit dem Schub verbunden werden, so daß eine Leistunganzeige sofort erfolgt. Würde bei einer solchen Anordnung zugleich ein Verdrehungsleistungsmesser verwandt, so würden die Anzeigen beider für den Wirkungsgrad der Fortbewegung nach Früherem maßgebend sein. Im Prinzip kommen hier ganz ähnliche Anordnungen in Betracht wie die, die bei den Leistungsmessern zur Anwendung gelangen.

Wird zur Schubmessung einer der später beschriebenen hydraulischen Schubmesser (S. 60) gebraucht, während die Geschwindigkeit mittels eines Venturimeters (Fußnote 2 S. 55) erfolgte, so könnte die Anzeige der Schraubenschubarbeit rein hydraulisch erfolgen.

Würden die Wellen-PS neben den Schub-PS auf den gleichen Maßstab bezogen aufgezeichnet, so würde die zwischen beiden liegende Fläche dem Wirkungsgrad der Fortbewegung entsprechen. Es ist nicht schwer, eine Vorrichtung zu schaffen, die diesen Wert fortlaufend angeben würde.

wie von dem Schiffswiderstand allein. Jedenfalls wird die Beachtung dieses Umstandes vor Fehlschlüssen bewahren.

Über die Propellerschubmessung an sich ist verhältnismäßig wenig bekannt. Der Gedanke hat stets nahe gelegen, die Schubmessung derart vorzunehmen, daß die Kraft bestimmt wurde, die zwischen Drucklager und Schiffskörper wirkte.

Flamm[6]) berichtet über einen Fall, bei dem das Drucklager auf Gleitbahnen gesetzt wurde und die auf dasselbe wirkenden Kräfte mittels Dynamometer gemessen wurden. Es handelte sich um einen Schlepper von 260 PS der holländischen Werft in Kinderdyk. Dieser mit verhältnismäßig geringen Mitteln ausgeführte Versuch ergab einen Propellerwirkungsgrad von 70 %

Ein anderer Gedanke, der auch sehr naheliegend ist, ist der, der die Größe des Propellerschubes aus der Größe der elastischen Verschiebungen, die das Drucklager unter dem Einfluß des Schubes erleidet, zu bestimmen sucht. Doch ist es im allgemeinen recht schwierig, eine Stelle am Drucklager oder in dessen nächster Nähe zu finden, an der die erwähnten Verschiebungen einwandfrei festzustellen sind, oder wenigstens von solcher Größe sind, daß ihre genaue Feststellung leicht möglich erscheint. Soll an einem vorhandenen Drucklager keine Änderung durch vorzunehmende Versuche eintreten, so wird, besonders auf sehr großen Seeschiffen, dieses der einzig offenstehende Weg sein, und es wäre wohl der Mühe wert, einmal die Drucklager solcher Fahrzeuge auf die gesamten Verschiebungen hin zu untersuchen. Da es sich um statische Meßoperationen hierbei handeln würde, so können die schon früher erwähnten Extensometer oder Dehnungsmesser und ähnliche Apparate zur Anwendung gelangen, wobei noch besonders an die Perry-Ayrton-Feder und an das auf deren Eigenschaften beruhende Sphingometer von Smith verwiesen sein möchte [7]).

Ein Methode, die es ermöglichen würde, ohne merkliche Ände-

---

[6]) Jahrbuch der Schiffbautechn. Gesellsch. 1905, Seite 176 f.

[7]) Soweit die elastische Zusammendrückung der Welle selbst in Betracht kommt, sei hier erwähnt, daß ein Wellenstück von 10 cm Länge und 32 cm Durchmesser unter den auf Seite 131 Bd. II zugrunde gelegten Verhältnissen bei einem Schube von rund 15 t von der Größenordnung $^1/_{1000}$ mm ist. Spiegeldehnungsmesser ermöglichen die Messung von $\frac{1}{50} \cdot \frac{1}{1000}$ mm.

Um den Propellerschub leicht messen zu können, hat man auch wohl (es ist indes hierüber, soweit wie bekannt, nichts veröffentlicht) in die Wellenleitung Federrohre oder Platten eingebaut, die die Drehung auf den Propeller übertrugen, dabei aber leicht meßbare elastische Deformationen untergingen. Eine solche Anordnung ist im allgemeinen nicht viel anders

rungen an vorhandenen Einrichtungen den Propellerschub aus der Größe von elastischen Verschiebungen zu messen, wäre etwa folgende:

Die Druckspindel *B* des in Fig. 34 dargestellten Drucklagers wird nicht direkt fest mit ihrer Lagerung verschraubt, sondern, wie in Fig. 23—24 angedeutet, gegen diese elastisch abgestützt. Die Ab-

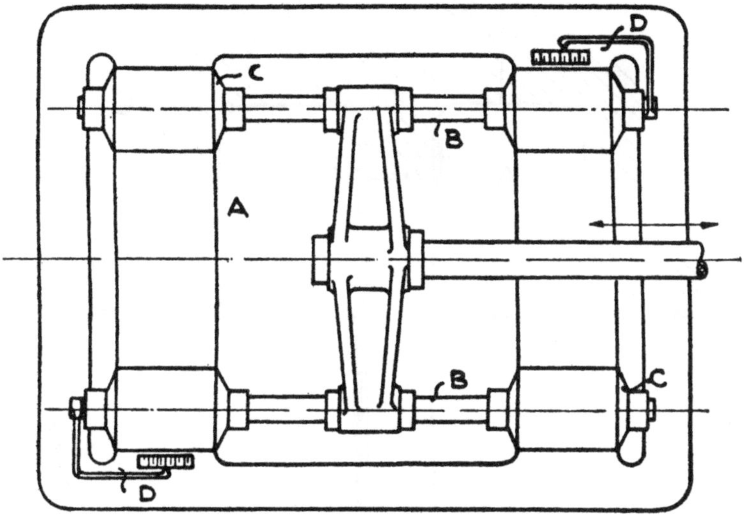

Fig. 23.

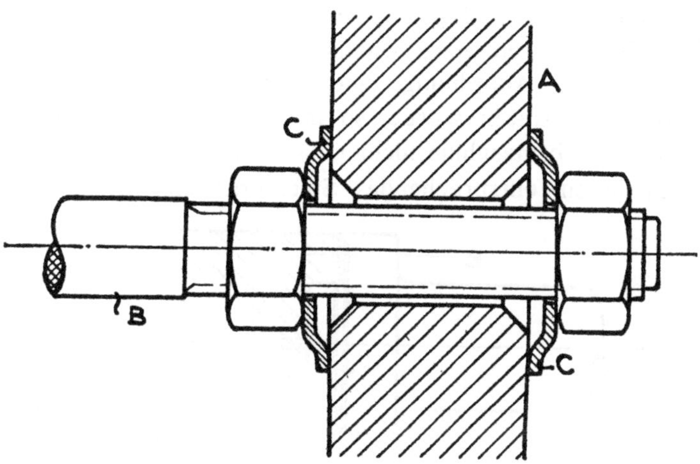

Fig 24.

---

als jene, die sich ergibt, wenn ein Federdynamometer in die Wellenleitung eingebaut wird. (Vergl. Föttinger, Forschungsarbeiten, Heft 25, 1905, S. 52 f.)

stützung kann mittels runder oder rechteckiger Stahlmembranen von geeigneter Stärke und Zahl geschehen.

Bei dieser Anordnung würde der Propellerschub elastisch aufgenommen werden, und die elastischen Verschiebungen könnten an den Skalen *D* festgestellt werden. Diese Anordnung ist besonders

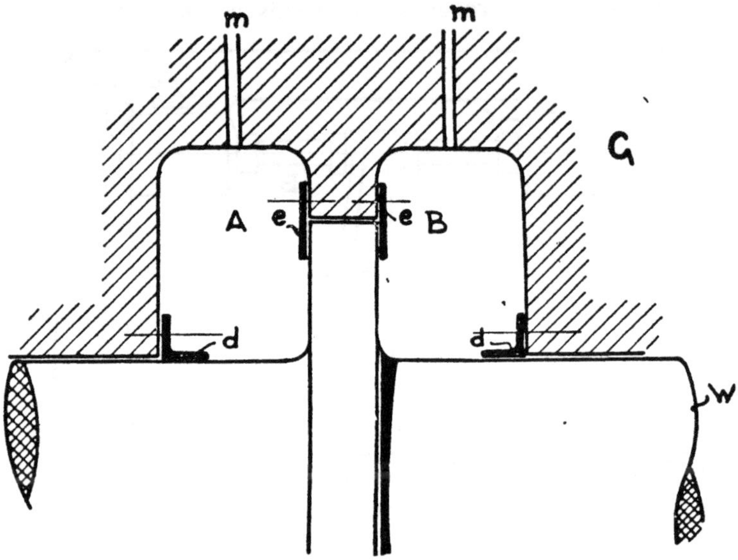

Fig. 25.

dadurch gekennzeichnet, daß sie die Messung des Propellerschubes durch Zwischenschalten eines elastischen Gliedes ermöglicht[8]).

Da bei dieser Anordnung eine geringe Längsbewegung der Schraubenwelle eintreten würde, so muß dieselbe, damit diese Bewegung die Antriebsmaschine nicht gefährdet und frei erfolgen kann, an einer Stelle ein entsprechendes Spiel erhalten; dieses geschieht

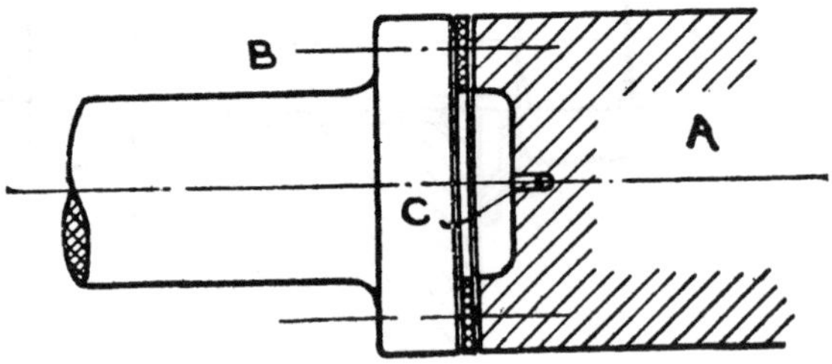

Fig. 26.

---

[8]) Die elastische Schubaufnahme erscheint nicht ungünstig für das Arbeiten des Propellers (man sehe eine spätere Bemerkung S. 67).

am einfachsten, wenn man zwischen zwei Flanschen der Wellenleitung einen geringen Spielraum läßt.

Soweit für die Messung des Propellerschubes aus erzeugten elastischen Deformationen.

Ein wesentlich anderer Gedanke liegt den folgenden Verfahren zugrunde, die auf hydraulischem Wege die Größe des Propellerschubes zu bestimmen suchen.

Schon die Aufnahme der schweren, wagerecht umlaufenden Gewichte bei den Curtis- und anderen Turbinen durch Öldrucklager legt es sehr nahe, das gewöhnliche Drucklager der Schraubenwelle durch ein Öldrucklager zu ersetzen und aus der Größe des in demselben herrschenden Drucks auf die Größe des Propellerschubes zurückzuschließen.

Wie eine solche Anordnung ausgeführt werden könnte, zeigt Fig. 25.

Das Lagergehäuse *G* der Welle *W* ist zweiteilig gedacht; der Wellenkamm teilt den Hohlraum des Lagers in zwei ringförmige Räume *A* und *B*; diese sind mit Drucköl angefüllt. Die Abdichtung gegen die Welle selbst geschieht mittels dünner Metallbleche *ee* und *dd*, wie in Fig. 25 angedeutet.

Vor Inbetriebsetzung wurden die Räume *A* und *B* unter gleichmäßigen Druck gesetzt und dann jeder für sich durch die Bohrungen *m* an ein Manometer geschlossen. Je nach der Schubrichtung würden dann die Manometer die Größe der in den Räumen *A* und *B* herrschenden Drücke angeben. Bezeichnet man die abgelesenen Drucke mit p_1, p_2 und die wirksame Wellenkammfläche mit f, so ist der momentane Propellerschub gleich $(p_1 - p_2) f$. Hier müßte noch ein Zuschlag für die Reibung hinzukommen. Die Größe der Reibung werden wir später berücksichtigen.

Ein ganz neuer Gedanke liegt den Anordnungen von Heck[9]) zugrunde und wird vielleicht am besten durch eine kurze Beschreibung der Heck'schen Anordnungen klargelegt.

In Fig. 27 ist eine der Grundformen wiedergegeben.

Ein Kupplungsteil der Welle wird mit seinen zwei Flanschen *B* und *C* in ein zweiteiliges Gehäuse *A* eingeschlossen. Die Welle ist gegen das Gehäuse *A* durch Stopfbüchsen abgedichtet. Den Flanschen *B* und *C* ist ein Spiel von rund 3 mm in der Längsrichtung möglich,

[9]) Heck, Note on a Mechanical Method of Determining the Thrust of Propellers. Inst. Naval Architects, April 1, 1909. (The Determination of the Thrust of propellers, Engineering 1909, p. 500 f. Revue de Mécanique, Tome XXVI, No. 2, 28. Février 1910, p. 168 f.

und das Gehäuse A kann mit Druckwasser von einer Pumpe gespeist werden; a und b sind die Druckwasser- und Manometeranschlüsse. Werden die Flanschen B und C durch den Propellerschub zusammengepreßt, so wird es einen bestimmten Druck des Wassers in A geben, bei dem dasselbe seinen Weg zwischen die Flanschen findet und diese vermöge des Überdruckes, der dem Wellenquerschnitt entspricht, auseinanderdrängt.

Bezeichnet Q den Wellenquerschnitt und P_1 den Druck des Wassers, bei dem die Bewegung der Flanschen nach außen gegen den Propellerschub S eintritt, so ist

$$P_1 Q = S + R,$$

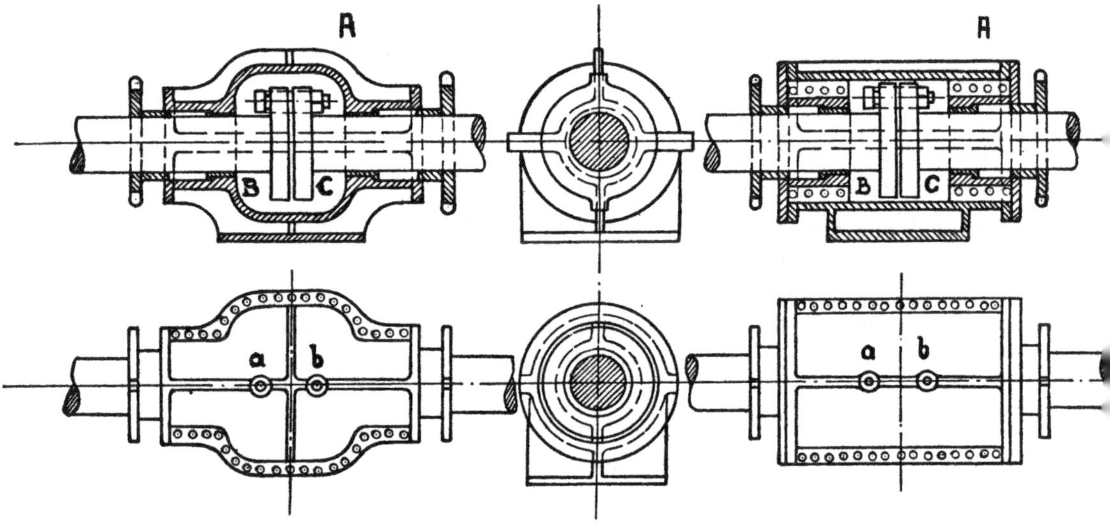

Fig. 27.

wo R die Reibung der Welle in den Stopfbüchsen bedeutet. Für den Augenblick, in dem der Propellerschub dagegen die Flanschen B und C eben zusammendrückt, gilt dagegen d e Beziehung

$$P_2 Q = S - R,$$

wobei P_2 den zu diesem Augenblick vorhandenen Druck bedeutet, da in diesem Falle einem Teil des Schubes durch die Reibung R das Gleichgewicht gehalten wird.

Aus diesen Gleichungen folgt sofort durch Addition bezw. Subtraktion:

$$2S = (P_1 + P_2)\,Q \quad \text{oder} \quad S = \frac{(P_1 + P_2)}{2}\,Q$$

und $$2R = (P_1 - P_2)\,Q \quad \text{oder} \quad R = \frac{(P_1 - P_2)}{2}\,Q.$$

Heck hat die Gültigkeit dieser Gleichungen durch sehr interessante Versuchseinrichtungen bestätigt, für deren nähere Beschreibung wir hier aus Heck's Originalmitteilungen verweisen müssen.

In der Hauptsache hat Heck festgestellt, daß die Größe der Reibung R mit zunehmender Umlaufzahl der Welle stark abnimmt. Durch die Messung der beiden Drucke P_1 und P_2 wird die Größe der Reibung R gewissermaßen aus der Rechnung ausgeschaltet und kommt, wie aus der oben angeführten Formel hervorgeht, für die Messung des Schubes S nicht weiter in Betracht.

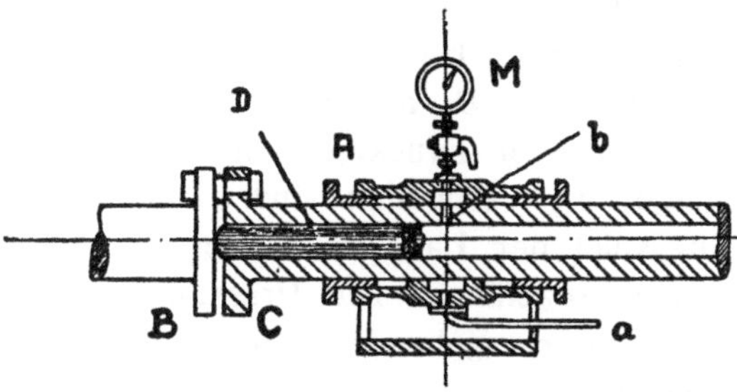

Fig 28.

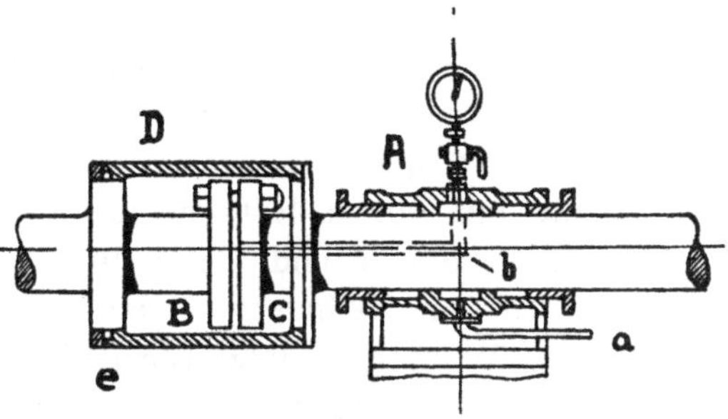

Fig. 29.

Die Bewegung der Welle bei der Druckmessung wird mittels eines Extensometers bestimmt.

Eine andere Ausführungform desselben Gedankens ist in Fig. 28 dargestellt. Bei dieser wird nur ein Teil der Welle von einem Druckwassergehäuse A umschlossen. Dieser Wellenteil ist hohl gedacht und mit einer radialen Bohrung B versehen. Am oberen Ende C trägt die Welle eine Ramme D, die gegen den inneren Teil der Welle abgedichtet ist. Diese Ramme wird unter der Druckeinwirkung des

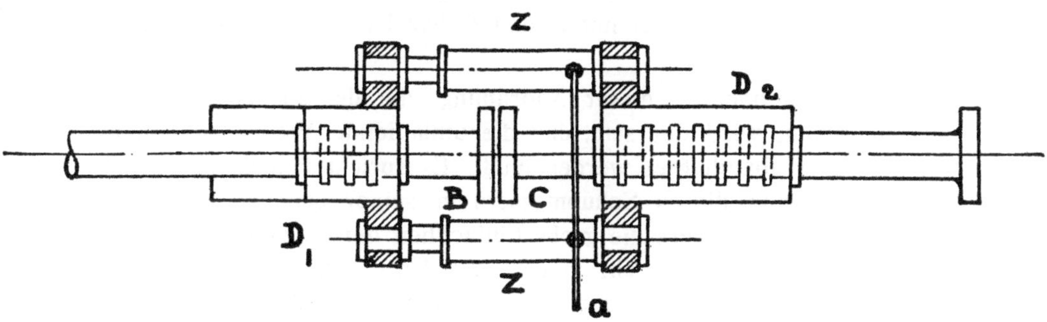

Fig. 30.

Wassers aus *A* gegen den Flansch *B* gepreßt und drückt diesen vom Flansch *C* hinweg, sobald der Druck in *A* genügend hoch ist. Umgekehrt nähern sich die Flanschen *B* und *C*, sobald der Druck in *A* einen bestimmten Wert erreicht hat. Die Drucke werden an dem Manometer *M* abgelesen, und die Wasserzuführung erfolgt durch *A*.

Bei der in Fig. 29 gezeigten Anordnung läuft ein Druckgehäuse *D* mit der Welle um. Die Druckzuführung erfolgt durch eine Bohrung *b* in der Welle selbst. *A* ist das ruhende Druckgehäuse; seine Wasserzuführung erfolgt bei *a*. Um den eingeschlossenen Flanschen *B* und *C* die nötige Bewegung zu ermöglichen, ist das Gehäuse *D* bei *e* gegen die Welle abgedichtet und als Stopfbüchse ausgebildet. Die Druckablesung erfolgt wieder am Manometer *M*.

In Fig. 30 ist eine andere Ausführungsform des Heck'schen Grundgedankens gezeigt. Hierbei ist ein Drucklager D_1 auf einer Bahn gleitend gelagert. D_1 trägt die Kolben zweier Druckzylinder *ZZ*, die mit einem feststehenden Drucklager D_2 verbunden sind. Die Flanschen *B* und *C* lassen ein Längsspiel der Lager zu. Bei *a* wird den Zylindern *Z* das Druckwasser zugeführt. Die Pressung des Wassers in letzteren ist, wie bei den vorhergehenden Verfahren für die Größe des Propellerschubes maßgebend.

In Fig. 31 ist eine Differenzialanordnung zweier Schubmesser nach Heck gezeigt. *A* sind die Gehäuse, und die Teile *D* der Welle wirken als Kolben. Die beiden Gehäuse *A* sind durch eine gemeinsame Leitung miteinander verbunden. Die Drucke werden mittels des Manometers *M* bestimmt. Die Flanschen *B* und *C* lassen, wie bei den anderen Anordnungen, ein Längsspiel der Welle zu.

Die Gesamtanordnung eines Schubmessers nach Art der in Fig. 27 gezeigten ist in Fig. 32 gezeigt. *S* ist der Schubmesser, *P* die Pumpe zur Druckerzeugung und *E* ein Extensometer, welches in diesem Falle das Eintreten der Gegeneinander- sowie der Auseinanderbewegungen der in Fig. 27 mit *B* und *C* bezeichneten Flanschen anzeigen soll.

Der Hauptnachteil dieser Anordnung, die der Fig. 30 natürlich ausgenommen, wird der sein, daß die umlaufende Welle gegen den Schubmesser abgedichtet werden muß. Es spricht jedoch vieles für die Verwendung dieses Schubmessers in seiner einfachsten Form, Fig. 27, wobei besonders die große Einfachheit der ganzen Anordnung ins Gewicht fällt, und nicht minder der Umstand, daß ein solcher Schubmesser leicht, ohne den Zusammenhang bestehender Einrichtungen im mindesten zu stören, eingebaut werden kann. Ein anderer nicht zu unterschätzender Vorteil dieser Anordnung ist der, daß der Schubmesser nicht die ganzen Propellerschubkräfte aufzunehmen hat. sondern lediglich auf den dem Propellerschub entsprechenden Flüssigkeitsdruck beansprucht wird, so daß zwischen Schubmesser und Schiffskörper keine Kräfte zu übertragen sind. Dieses gilt natürlich nur für die in Fig. 27—29 dargestellten Schubmesser.

Für die Beurteilung der Anwendungsfähigkeit dieser Schubmesser

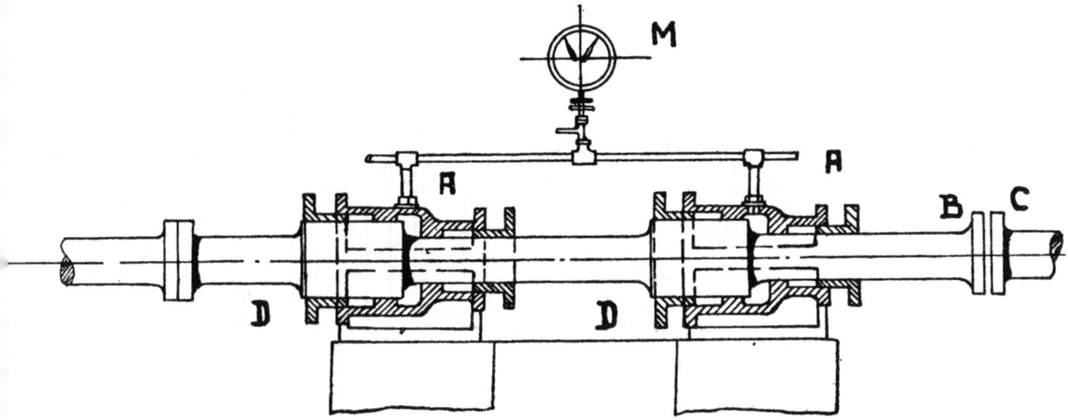

Fig. 31.

kommt noch besonders der Umstand in Betracht, daß im Falle eines Versagens eines solchen der Betrieb in keiner Weise gestört wird. d. h. die im Vorhergehenden mit *B* und *C* bezeichneten Flanschen nähern sich in einem solchen Falle, und alles geht wie sonst ohne Schubmesser weiter, da trotz der Schubmessung bei den in Fig. 27 dargestellten Apparaten das Hauptdrucklager seinen Zweck nach wie vor zu erfüllen hat.

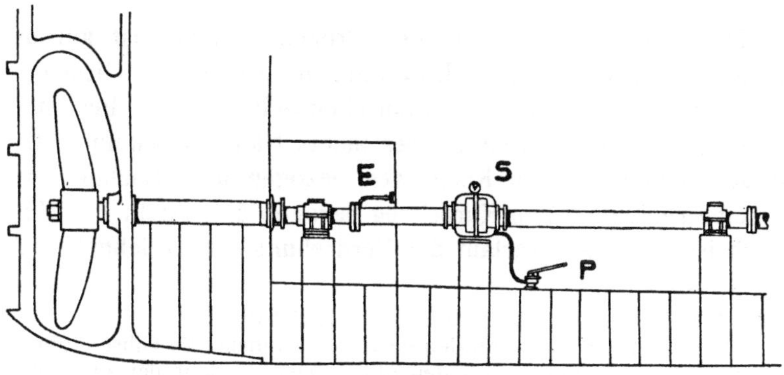

Fig. 32.

Wie aus der Beschreibung der Heck'schen Anordnungen hervorgehen muß, scheint Heck sich bei dem Entwurf derselben von der irrigen Ansicht haben leiten lassen, daß der Propellerschub nur in einer Richtung erfolgt und in seinem Werte konstant bleibt; wie schon an anderen Stellen (S. 34) hervorgehoben ist, ist dies aber keineswegs auch nur angenähert der Fall.

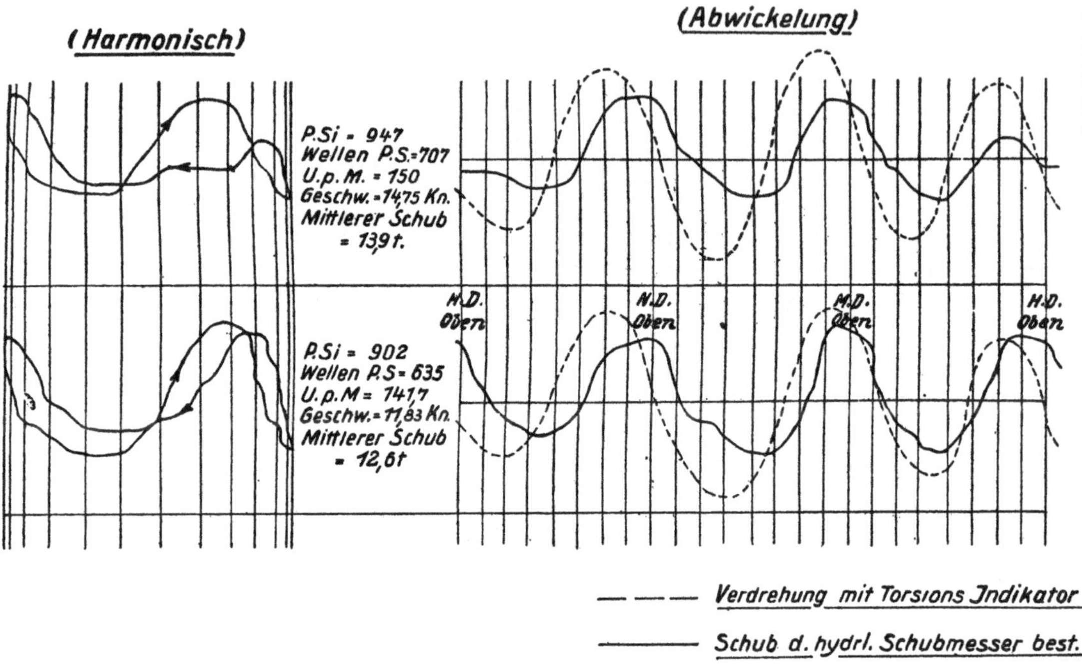

Fig. 33.

Der periodische Verlauf des Propellerschubes ist gut aus den in Fig. 33 wiedergegebenen Diagrammen zu ersehen. Dieselben wurden von Gibson[10]) mittels hydraulischen Schubmessers bestimmt, über dessen nähere Konstruktivn indes nichts Näheres bekannt ist. Links ist der Schub auf den Kolbenweg bezogen aufgezeichnet, während derselbe rechts auf den Kurbelweg bezogen dargestellt ist. Zum Vergleich ist noch der Verlauf der Verdrehung eingezeichnet, und zwar

[10]) Gibson a. a. O. S. 276 f. Plate XXXVII.
Oben sind nur zwei von den neun Diagrammen, die Gibson gibt, wiedergegeben. Diese genügen, um den allgemeinen Verlauf der erwähnten Diagramme anzudeuten.

hat man zu diesem Zwecke die Linien mittleren Verlaufs beider zusammenfallen lassen. Es ist hier besonders daran zu erinnern, daß der Schraubenschub nicht mit dem Propellerwiderstand zu verwechseln ist; die Möglichkeit liegt in Fig. 33 leicht vor; es sind nur Propellerwiderstand und Drehkraftdiagramm, deren Mittelwerte übereinstimmen. Ein anderes Schubdiagramm ist in Fig. 15 auf S. 51 Bd. II gezeigt. An den ausgeführten Diagrammen dürfte ohne weiteres die wechselnde Natur des Propellerschubes hervorgehen. Doch ist noch ein anderer Umstand zu beachten: Es ist gar nicht unmöglich, daß der Propellerschub selbst, wie die Verdrehung, negative Werte annehmen kann; dies ist ohnehin der Fall, wenn ein Fahrzeug „Zurück“ fährt. Beim „Zurück“-Fahren versagen indes die Heck'schen Anordnungen durchweg, weil die Grundvoraussetzungen, die ihrem Entwurf zugrunde lagen, nicht mehr zutreffen. Die genannten Anordnungen erscheinen also für den allgemeinen Gebrauch untauglich. Denn gerade die Bestimmung der Wirkungsgrade der Propeller für „Voraus“ und „Zurück“ dürften viel Licht auf das Arbeiten des Propellers in verschieden strömendem Wasser werfen. Doch hiervon abgesehen, würde die Untersuchung der Widerstandsverhältnisse des Schiffskörpers für „Voraus“ und „Zurück“ von großem Interesse sein, zumal in den Verträgen, die die Abnahme eines Schiffes regeln, meist eine bestimmte geringste „Zurück“-Geschwindigkeit verlangt wird.

Man müßte sich also nach dem Vorhergehenden sagen, daß ein brauchbarer Schubmesser auch imstande sein müsse, die Größe des Schubes zu bestimmen, der auftritt, wenn ein Fahrzeug in umgekehrter Richtung zu der gewohnten fährt.

Die schon in Fig. 23—24 S. 59 gezeigte Anordnung ermöglicht dieses vollkommen, wie aus der ganzen Anordnung leicht hervorgeht; zudem dürfte die elastische oder weiche Schubaufnahme, im Gegensatz zu der sonst gebräuchlichen unelastischen oder harten Schubaufnahme, in Anbetracht der tatsächlich vorhandenen Wechselwirkungen zwischen Propeller und Fahrzeugkörper den Wirkungsgrad des Propellers nicht ungünstig beeinflussen. Bei der Konstruktion einer Anordnung nach Fig. 23—24 müßte noch besonders darauf Bedacht genommen werden, die Wirkung der Stahlmembranen im Falle eines Bruches vollständig ausschalten zu können, so daß der Betrieb in keiner Weise gestört werden kann; zudem ist es nicht schwierig, Vorkehrungen zu treffen, die eine Überbeanspruchung der Membranen durch unvorhergesehene Vorfälle vollständig ausschließen.

Eine Vorrichtung, die ebenso wie die der Fig. 23—24 sich dazu

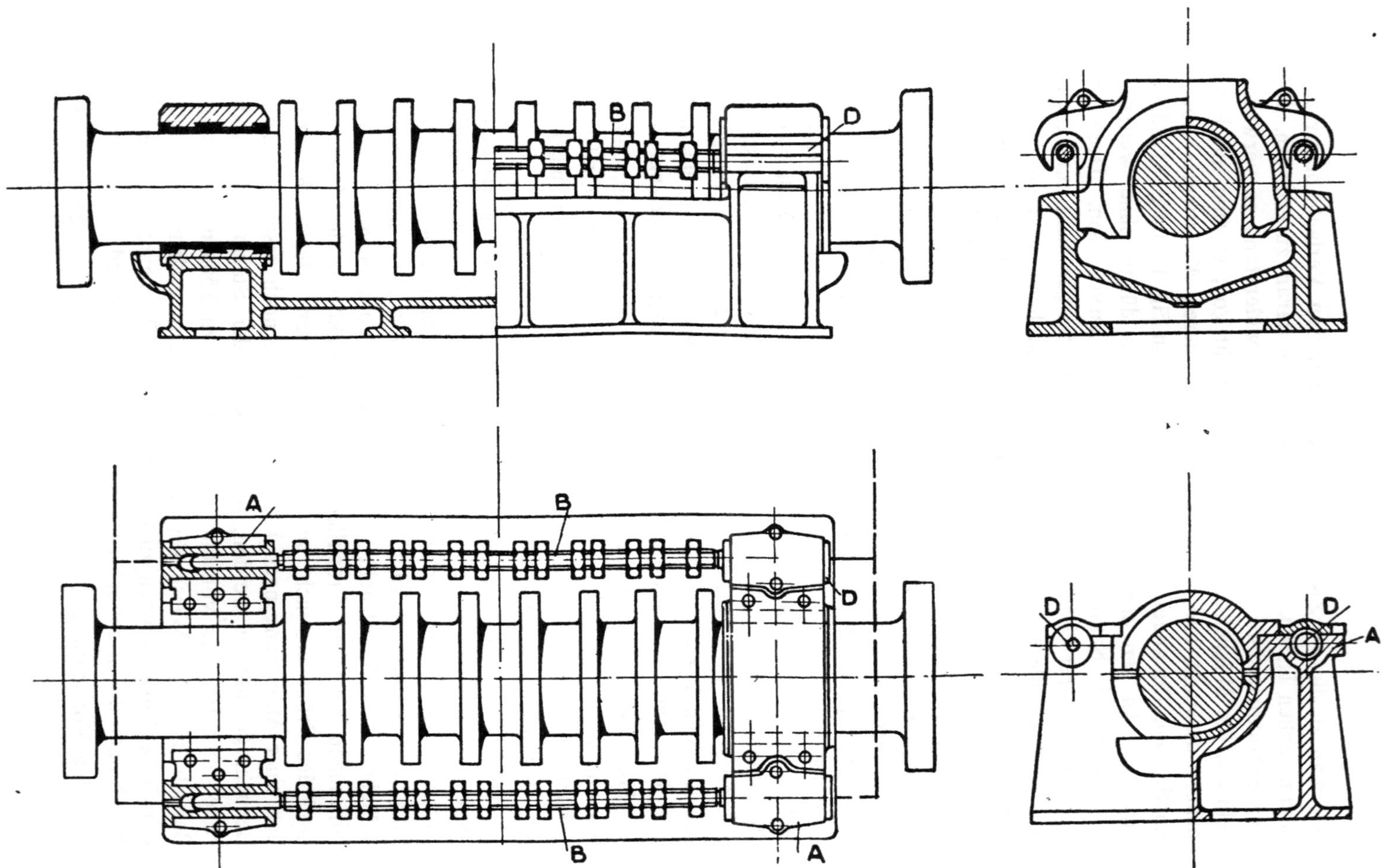

Fig. 34.

eignen würde, den Propellerschub für „Voraus" und „Zurück" zu messen, ist in Fig. 26 Seite 60 dargestellt.

Hier ist die Abstützung der Druckspindeln gegen ihre Widerlager in Form einer Meßdose gedacht. In Fig. 26 bezeichnet *B* das Ende einer der zwei Druckspindeln, *A* ist das Widerlager und *C* die Manometerbohrung.

Eine ähnliche Anordnung ist in Fig. 34 dargestellt. Bei dieser sind die Meßdosen durch hydraulische Zylinder *D* ersetzt gedacht. Je zwei Zylinder sind zur Druckmessung miteinander verbunden. Vor Ingebrauchnahme werden die Zylinder gemeinsam unter eine gewisse Verspannung gesetzt. Die sonstige Anordnung ist leicht aus Fig. 34 zu ersehen. Beim Einbauen werden die Druckspindeln *B* mit aufgeschobenen Druckzylindern *D* einfach in ihre Lagerung *A* eingesetzt.

Eine sehr gedrängte Schubmesseranordnung ließe sich auf folgendem Wege treffen: Eine Meßdose, die sowohl Druck- wie Zugkräfte[11]) anzeigt, wird so ausgebildet, daß sie zwischen zwei Kupplungsflanschen der Laufwellen eingefügt werden kann und so gewissermaßen einen Teil der Wellen selbst bildet. Bei der Konstruktion ist darauf zu achten, daß dieselbe nur in achsialer Richtung und nicht, wie die Welle selbst, etwa auf Verdrehung beansprucht wird.

Die Druckanzeige kann durch eine Bohrung, ähnlich wie in Fig. 29 S. 63 angedeutet, leicht erfolgen. Es wird auch möglich sein, die Druckanzeige am freien Ende der Welle auf Wellenmitte vorzunehmen; dieses würde allerdings bei Kolbenmaschinen eine besondere Druckleitung zum Umführung bei den Kurbelwangen verlangen. Eine solche Anordnung würde indes leicht abzudichten sein und die Geschwindigkeit der Dichtungsflächen eine sehr geringe sein.

Das Einbauen einer solchen Meßdose sowie überhaupt die Verwendung der Stahlmembranen in Fig. 23—24 dürfte in Anbetracht der geringen Bewegungen, es handelt sich um Bruchteile von Millimetern, die Wellenleitung in keiner Weise ungünstig beeinflussen; die Längsschwingungszahlen werden allerdings verändert.

Die einzigste Methode, die die Schubmessung ohne Änderung gegebener Einrichtungen ermöglicht, ist die, bei der die Messung der Deformation erfolgt. Sollen diese Messungen im besonderen an der

---

[11]) Für eine solche Meßdose Seller'scher Bauart (Ausführung A. Borsig-Tegel) siehe Jahrb. Schiffbautechn. Ges. 1905, Seite 498 f. Vergl. auch Martens, Handbuch der Materialprüfungskunde, und Denkschrift (Springer) Materialprüfungsamt G. L.

Welle, d. h. an umlaufenden Teilen, vorgenommen werden, so kommt man auf eine der Verdrehungsmessung ähnliche Aufgabe zurück, bei der ja auch eine Deformation umlaufender Teile nach außen hin kenntlich gemacht wird.

Soll der Propellerschub auf diesem Wege bestimmt werden, so muß auf den Einfluß, den die Verdrehung auf diese Messung hat, geachtet werden, ebenso, wie im ersten Falle der Einfluß des Schubes in Betracht kommt. Ein Schubmesser muß im allgemeinen, ebenso wie der Verdrehungsmesser, den ganzen Verlauf des Schubes wiedergeben können; einen Schubmesser zu entwerfen, der nur einen konstanten, nach einer Richtung hin wirkenden Schub anzeigen soll, ist dasselbe, als wenn man einen Verdrehungsmesser für ähnliche Verhältnisse entwerfen wollte.

Die Eichungen können mittels hydraulischer Hebeböcke, ähnlich wie auf Seite 30 beschrieben, vorgenommen werden. Bei der Welleneichung auf Schub ist die Größe der jeweiligen Verdrehung zu berücksichtigen, wie bei dem analogen Fall der Verdrehungseichung.

Wir wollen hiermit unsere Erörterungen über die Schubmessung schließen. Es ist dieses ein bis jetzt wenig beachtetes und wenig gekanntes Gebiet; jedoch steht für die nächsten Jahre ein bedeutender Ausbau desselben zu erwarten. Gerade die Luftschiffahrt ist es, die sich die Methoden der Schubmessung sowie der Verdrehungsmessung zunutze machen wird, da es kein anderes Mittel gibt, einen klaren Einblick in alle die Bewegung eines Fahrzeuges betreffende Fragen zu tun; war es doch bis vor kurzem dem Schiffbauer unmöglich, der Lösung dieser Fragen unter allen dieselben beeinflussenden Umständen näher zu treten. Erst die Schaffung der Verdrehungsmessung sowie der Messung des Schraubenschubes haben dieses in vollem Umfange ermöglicht.

Zum Schlusse sei noch darauf hingewiesen, daß es nicht unmöglich erscheint, die Steuerlogs mit Hilfe der fortlaufend aufgenommenen Propellerschubkurven zu kontrollieren, da ja der Einfluß der Ruderstellung auf den Propellerschub einwandfrei erwiesen ist. (Auf dem Diagramm Fig. 15 Seite 51 Bd. II ist der Einfluß der Ruderstellung deutlich erkennbar.) Jedoch würde dieses Verfahren nur bei mehrschraubigen Schiffen Verwendung finden können. Von praktischem Wert wäre es jedenfalls, wenn man mit Hilfe eines Fahrtmessers in Verbindung mit dem Steuermechanismus eines Fahrzeuges auf einer Karte den Kurs des Fahrzeuges verzeichnen könnte. Im allgemeinen dürfte die Geschwindigkeitsmessung in bewegten Gewässern mit

Schwierigkeiten verbunden sein, da, wie schon früher bemerkt, die Fahrtmesser nicht Geschwindigkeit gegen „Grund“, sondern gegen das Fahrwasser angeben.

Im folgenden Kapitel soll auf die erzwungenen Verdrehungsschwingungen von Schraubenwellen eingegangen werden, sowie zum Schlusse einige experimentelle Anordnungen besprochen werden.

Die Verdrehungsschwingungen bei Schiffswellen.

Die Verdrehungs- oder Torsionsschwingungen der Schiffswellen sind in klassischer Weise von Frahm[1]) behandelt worden.

Wir wollen hier diese Schwingungen in etwas anderer Weise, wie Frahm es getan hat, behandeln.

Es handelt sich für uns um die Lösung der folgenden Aufgabe: Eine Maschine (Fig. 35), die mit einem gewissen Ungleichförmigkeitsgrad behaftet ist und deren umlaufenden Teile das Trägheitsmoment I besitzen, treibt mittels einer langen elastischen Welle eine schwere Schiffsschraube vom polaren Trägheitsmoment i an. Die Schraube bewegt sich in einem stark dämpfenden Mittel. Es ist festzustellen, welche Bewegungen die Schraube gegenüber der elastisch mit ihr verbundenen Maschine ausführt.

Um der Lösung unserer Aufgabe näher treten zu können, müssen wir vorerst verschiedene Annahmen treffen, erstens, daß die mittlere Winkelgeschwindigkeit der Maschine konstant bleibt, und daß die Schraubenwelle aus einem durchlaufenden Stück von überall gleichem Durchmesser besteht. Ferner setzen wir voraus, daß es sich um kleine Schwingungen handelt. Um die Masse der Welle nicht ganz zu vernachlässigen, denken wir uns je eine Hälfte derselben in I und i einbegriffen[2]).

---

[1]) Frahm, Neue Untersuchungen über die dynamischen Vorgänge in den Wellenleitungen von Schiffsmaschinen, mit besonderer Berücksichtigung der Resonanzschwingungen. Z. d. V. d. I. 1902, S. 797 f. und Forschungsarbeiten, Heft 6 (vergl. auch a. a. O. angegebene Literatur).

[2]) Im Folgenden wird öfter nur von den Massen I und i die Rede sein, statt von den Massen, deren Trägheitsmomente I und i sind.

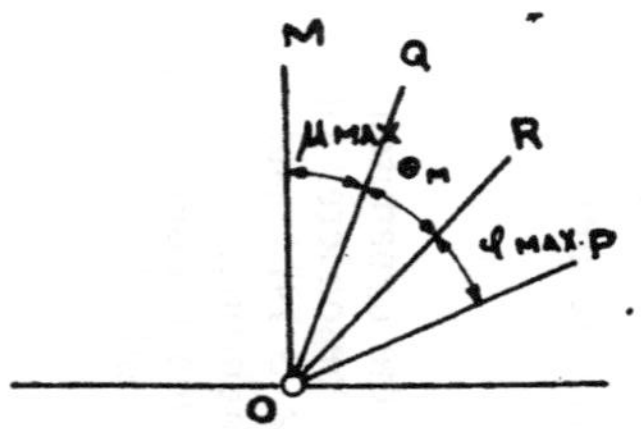

Fig. 36.

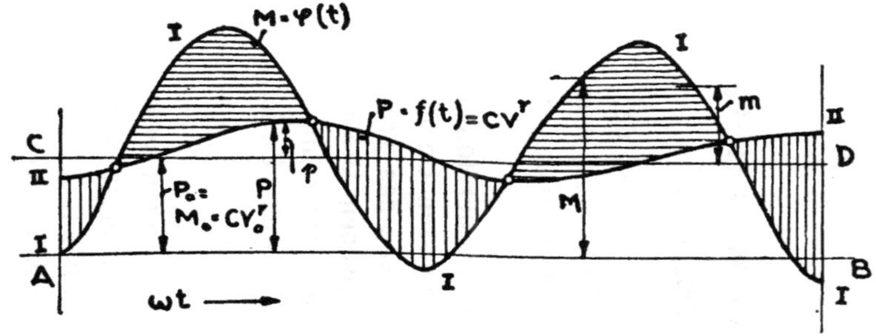

Fig. 37.

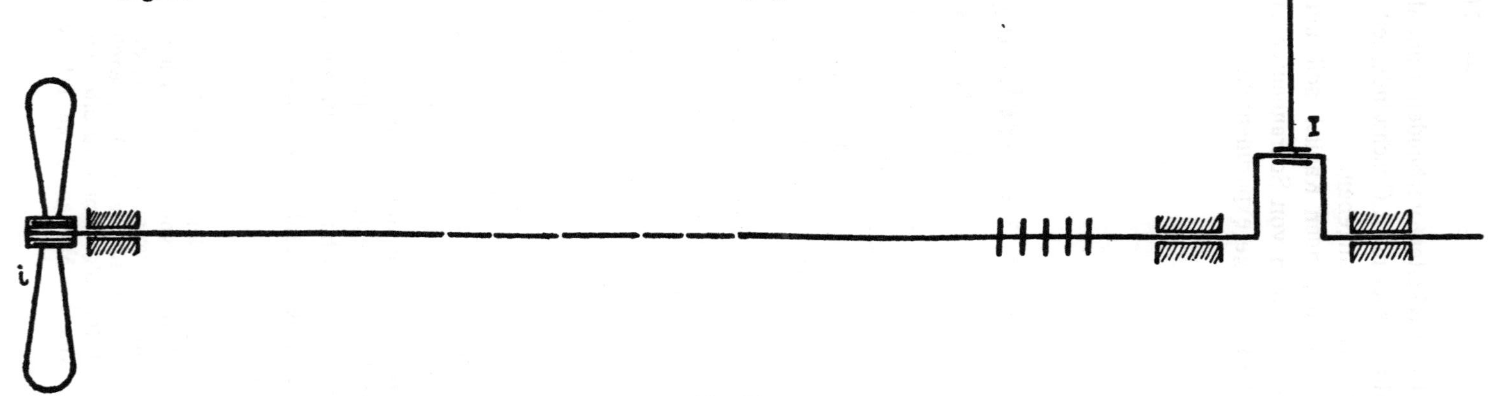

Fig. 35.

Wäre das Antriebsmoment konstant, so würde die Schiffsschraube noch kurze Zeit nach Ingangsetzung der Maschine gegen letztere in absoluter Ruhe verharren (vorausgesetzt natürlich, daß an den Verhältnissen, unter denen die Schraube arbeitet, nicht das Geringste geändert wird), sie wird aber gegen ihre Ruhestellung um einen konstanten Verdrehungswinkel gegen die Maschine zurückgedreht sein.

Diesen Winkel wollen wir mit Θ_m bezeichnen und er möge durch den Winkel $Q\,O\,R$ in Fig. 36 dargestellt sein. Diese Verhältnisse würden eintreten, wenn das Moment, welches die Schraube ihrer Drehung entgegensetzt, sowie das Antriebsmoment der Maschine, wie oben gesagt, konstant blieben. Bezeichnet man das Schraubenmoment unter diesen Verhältnissen mit P_0 und das der Maschine mit M_0, so stellt die Linie $C\,D$ parallel zu $A\,B$ (Fig. 37) den Verlauf der Momente in bezug auf den nach der Zeit t durchlaufenen Winkel $\omega\,t$ dar.

Bei der ungleichförmigen Bewegung dagegen wird das Maschinendrehmoment nach einer Kurve $I—I$ verlaufen, wo $M = \varphi(t)$ ist, und das Schraubenmoment P wird nach einer Kurve $II—II$, für die $P = f(t) = C\,V^r$ ist, verlaufen.

Hierbei stellt $M = \varphi(t)$ den Verlauf des bekannten Tangentialdruckdiagramms der Maschine dar, während $P = f(t)$ den Verlauf des der Maschine entgegengesetzten Widerstandes wiedergibt, nur sind hier alle Größen mit dem Kurbelradius multipliziert angetragen gedacht. $C\,V^r$ ist das Gesetz des Schraubenwiderstandes, d. h. es wird angenommen, daß der Widerstand mit der $r$ten Potenz der Geschwindigkeit V der Schraube zunimmt.

Die unter den Kurven $I—I$ und $II—II$ liegenden Flächen müssen wegen der Arbeitsgleichheit in Größe übereinstimmen. Dann stimmen unser P_0 und M_0 mit der mittleren Höhe dieser Kurven überein, und da $P = C\,V^r$ ist, so können wir für P_0 schreiben, wenn die den P_0 und M_0 entsprechende Geschwindigkeit der Schraube oder im obigen Falle die des Propellers mit V_0 bezeichnet wird.

$$P_0 = M_0 = C\,V_0^{\,r}.$$

Da, wie wir eben sahen, die konstanten Werte P_0 und M_0 nur einen konstanten Verdrehungswinkel Θ_m erzeugen, so kommen diese für unsere Untersuchung nicht weiter in Betracht.

Wir sehen vielmehr, daß nur der Verlauf $I—I$ in bezug auf die Linie mittlerer Höhen $C\,D$, sowie der von $II—II$ auf diese Linie bezogen für uns in Frage kommt.

Wir denken uns also jetzt unsere Aufgabe so gestellt, daß es heißt: In einer Maschine, die gegen ihren Propeller um den konstanten

Winkel Θ_m voreilt, lagert sich über deren mittleres Drehmoment M_0 ein periodisch wechselndes Drehmoment m, vom Verlauf $I—I$ auf $C\,D$ bezogen, während sich über den konstanten Widerstand $P_0 = C\,V_0^r$ des Propellers eine Widerstandsänderung p, vom Verlauf $II—II$ auf $C\,D$ bezogen, lagert; es ist festzustellen, um wieviel Maschine und Propeller unter diesen Umständen von der dem Winkel Θ_m entsprechenden Lage abweichen, oder mathematisch ausgedrückt: Zwei Massen mit Trägheitsmomenten I und i sind elastisch miteinander verbunden; auf die Masse mit Trägheitsmoment I wirkt ein periodisch wiederkehrendes Störungsmoment m. Die Dämpfung dieser Masse soll vernachlässigt werden. Auf die Masse mit Trägheitsmoment i dagegen wirkt ein die Bewegung derselben hemmendes, periodisch wiederkehrendes Reibungsmoment p. Die erzwungenen Schwingungen der letzten Masse sind zu berechnen.

Bezeichnet man die größte Abweichung der Maschine von $O\,Q$ (Fig. 36) mit $M\,O\,Q = \mu_{max}$, und die größte Abweichung der Schraube von $O\,R$ mit $P\,O\,R = \varphi_{max}$, so können wir uns den Winkel $Q\,O\,R = \Theta_m$ ganz weg denken und μ und φ auf die mittleren Lagen $Q\,R$ bezogen denken (Fig. 38/39).

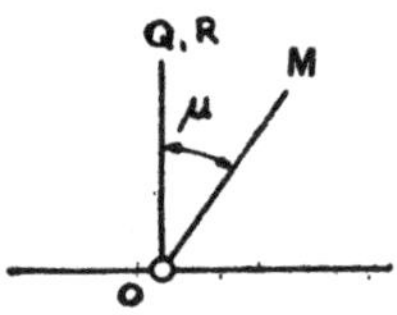

Fig. 38.

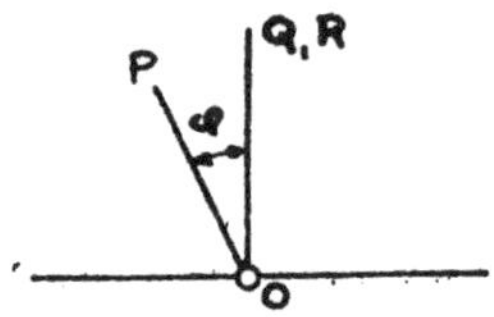

Fig. 39

Um die Bewegungsgleichungen leicht aufstellen zu können, bedienen wir uns der folgenden einfachen Anschauung. Vergleichen wir die Masse I mit einem Gehäuse, in dem die Masse i elastisch aufgehängt ist, so können wir nach einer früher schon angegebenen Gleichung schreiben (S. 8/10, 31 u. 64 Bd. II):

$$i\varphi'' + K\varphi' + C\varphi = C\mu,$$

wo statt $\frac{d^2\varphi}{dt^2}$ und $\frac{d\varphi}{dt}$ der einfachen Schreibweise halber φ'' und φ' gesetzt ist. K ist der Dämpfungsfaktor, d. h. das Reibungsmoment für die Geschwindigkeit $\frac{d\varphi}{dt} = \varphi' = 1$, und C das Richtmoment oder Moment für die Verdrehung $\varphi = 1$. Wir denken uns also die Masse I oder das Gehäuse aus der Ruhelage durch irgend welche Kräfte plötzlich um den Winkel μ gedreht; infolge hiervon soll die Masse i sich dann um den Winkel φ drehen. Die obige Gleichung besagt einfach, daß das Moment der Trägheit $i\varphi''$, Reibung $K\varphi'$ und der elastischen Kraft $C\varphi$, die alle auf i wirken, sich mit dem Moment der angreifenden oder störenden Kraft $C\mu$ momentan im Gleichgewicht befinden müssen, genau wie wir das schon früher gesehen haben.

Die obige Gleichung können wir umformen und schreiben:

$$C(\mu-\varphi)-i\varphi''-K\varphi'=0. \tag{1}$$

Für die Bewegung der Masse I denken wir uns, wir wollten durch eine Bewegung von i das Gehäuse, welches wir an Stelle von I dachten und in dem i elastisch aufgehängt sein sollte, bewegen. Hierbei denken wir uns das Gehäuse I leicht drehbar aufgehängt. Wir müssen aber bedenken, daß dieses Gehäuse sich schon von selbst drehen wird, wenn wir das Moment m an demselben angreifen lassen, oder, was dasselbe ist, wenn wir das Gehäuse durch eine Bewegung φ von i stören wollen, müssen wir bedenken, daß es tatsächlich schon von einem Moment m gestört wird. Wir haben also für die Bewegung des Gehäuses zwei Störungsmomente zu berücksichtigen. Die Bewegungsgleichung für I lautet dann:

$$m+C\varphi=I\mu''+C\mu,$$

wo $I\mu''$ die Trägheit und $C\mu$ die elastische Richtkraft der Aufhängung bedeuten für I. m ist das Moment, welches schon auf I wirkt, und $C\varphi$ ist dasjenige, welches durch eine plötzliche Drehung φ von i in der Aufhängung erzeugt wird; μ'' ist hier für $\frac{d^2\mu}{dt^2}$ geschrieben.

Die obige Gleichung können wir in der Form schreiben:

$$m-C(\mu-\varphi)-I\mu''=0. \tag{2}$$

Wir haben also für die Bewegungen von i und I die Gleichungen:

$$\begin{aligned} C(\mu-\varphi)-i\varphi''-K\varphi'&=0\\ m-C(\mu-\varphi)-I\mu''&=0. \end{aligned} \tag{3}$$

Bezeichnen wir die gegenseitige Abweichung $(\mu-\varphi)$ von I und i mit σ, so können wir schreiben:

$$\begin{aligned} C\sigma-i\varphi''-K\varphi'&=0\\ m-C\sigma-I\mu''&=0. \end{aligned} \tag{4}$$

Können wir aus den Gleichungen 4 den Wert von $\sigma=(\mu-\varphi)$ bestimmen, so ist unsere Aufgabe gelöst, da σ die gegenseitige Bewegung von I und i unter dem Einfluß von m und p darstellt.

Ehe wir zur Lösung dieser Gleichungen schreiten, wollen wir die Größe der Dämpfungskonstanten K ausfindig machen.

Wir haben oben gesehen, daß für den Widerstand P der Ausdruck $P=C\,V^r$ gilt, wo r zwischen 2 bis 4 variieren kann.

In unserer Gleichung 1 müßte daher ein Glied $C\,V^r$ oder

$C\left(\frac{d\varphi}{dt}\right)^r = C\ (\varphi')^r$ statt $K\varphi'$ vorkommen[3]). Hierbei würden wir aber bei der Lösung unserer Gleichungen auf Schwierigkeiten stoßen. Wir ziehen es daher vor, von unserer früher gemachten Voraussetzung, daß es sich nur um kleine Schwingungen handeln soll, Gebrauch zu machen.

Denken wir uns in Fig. 40 die Kurve AB in bezug auf P und V

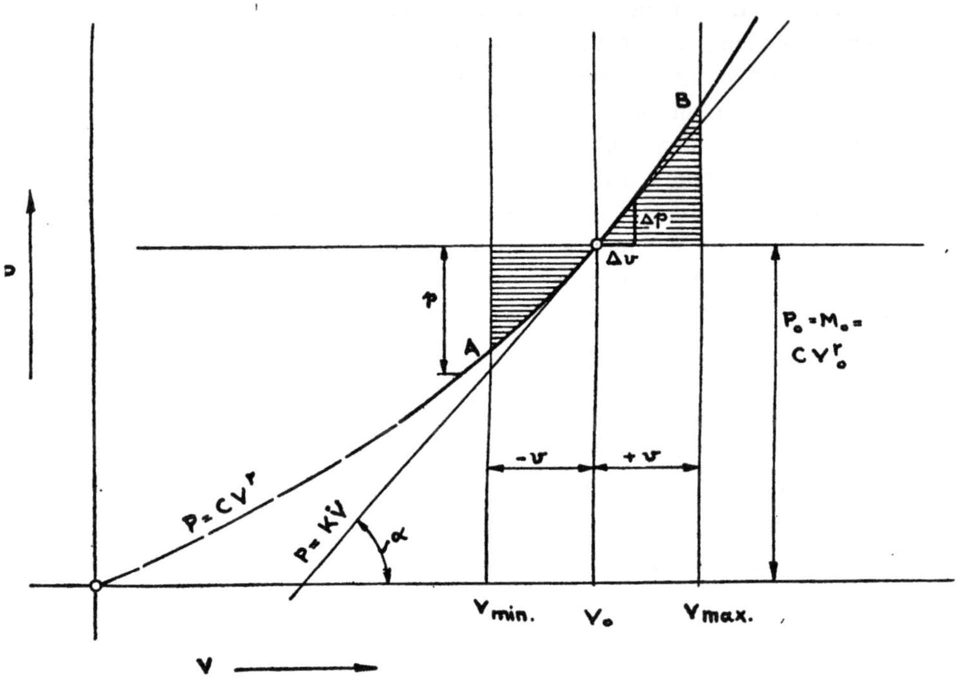

Fig. 40.

aufgetragen, den Widerstand $P = C\,V^r$ bei verschiedenen Geschwindigkeiten vorstellend, so sehen wir, daß unserer mittleren Geschwindigkeit V_0 der Widerstand $P_0 = M_0 = C\,V_0{}^r$, wie in Fig. 37, entspricht. Den Abweichungen μ_{max} und φ_{max} (Fig. 36) werden Geschwindigkeiten V_{min} und V_{max} (Fig. 40) entsprechen, oder, was dasselbe ist, die Geschwindigkeit V_0 nimmt um die Werte $+v$ und $-v$ zu.

Hierbei wird der Widerstand P_0 um p zunehmen.

Für die Pendelung von i um den Punkt 0 kommt also die Wider-

---

[3]) Über den Einfluß solcher Glieder wie $C\left(\frac{d\varphi}{dt}\right)^r$ vergl. Routh II, a. a. O. Kapitel VII, § 355, zweite Annäherungen.
Über den Wert von r für den Propeller vergl. Frahm und Bauer a. a. O.

standslinie AB (Fig. 40) in Betracht. Im Punkte 0 ist eine Tangente an die Kurve AB gezogen. Diese würde ein Widerstandsgesetz $P = KV$ oder $P = K\varphi'$ darstellen, wo $\operatorname{tg}\alpha = K$ ist. Indem wir also $K(\varphi')^r$ durch $K\varphi'$ in unserer Gleichung 1 ersetzen, nehmen wir an, daß die Kurve AB mit der Tangente in 0 übereinstimmt, und je mehr dieses der Fall ist, d. h. je kleiner die Schwingungen um die Mittellage sind, um so genauer wird dieses zutreffen.

Da die Richtungen der Linien $P = CV^r$ und $P = KV = K\varphi'$ in 0 zusammenfallen sollen, so haben wir, daß $\frac{\Delta p}{\Delta r}$ oder besser $\frac{dp}{dv}$ für $P_0 = CV_0{}^r$ und $P = K\varphi'$ den gleichen Wert besitzen müssen.

Denkt man sich, daß P_0 um Δp zunimmt infolge einer Zunahme Δv von V, so haben wir:

$$(P_0 + \Delta p) = C(V_0 + \Delta v)^r$$

oder nach dem Binomischen Lehrsatz entwickelt:

$$(P_0 + \Delta p) = C\left\{V_0^r + rV_0^{r-1}\Delta v + r(r-1)V_0^{r-2}\Delta v^2\right\},$$

und da wir voraussetzen, daß v klein sein soll, so können wir Δv^2 vernachlässigen; wir erhalten also:

$$(P_0 + \Delta p) = CV_0^r + CrV_0^{r-1}\Delta v$$

Zieht man hiervon $P_0 = CV_0{}^r$ ab, so ergibt sich:

$$\frac{\Delta p}{\Delta v} = CrV_0^{r-1}.$$

Aus $P_0 = CV_0{}^r$ folgt aber weiter $C = \frac{P_0}{V_0^r}$, oder mit Einsetzung dieses Wertes

$$\frac{\Delta p}{\Delta v} = \frac{P_0}{V_0^r}rV_0^{r-1} = r\frac{P_0}{V_0} = r\frac{M_0}{V_0},$$

und da $\frac{\Delta p}{\Delta v} = \operatorname{tg}\alpha = K$ ist, so ergibt sich für K der Wert $r\frac{P_0}{V_0}$.

Für das Moment C der Richtkraft haben wir nach Früherem

$$C = \frac{GIp}{L}\left(\varphi = \frac{ML}{GIp};\ C = M \text{ für } \varphi = 1 \text{ oder } C = \frac{GIp}{L}\right).$$

Wir können jetzt zur Lösung unserer Gleichungen 4

$$\begin{aligned} C\sigma - i\varphi'' - K\varphi' &= 0 \\ m - C\sigma - I\mu'' &= 0 \end{aligned}$$

schreiten:

Um diese Gleichungen auf eine nur σ enthaltende zu reduzieren, ersetzen wir in der oberen φ'' und φ' durch $(\mu'' - \sigma'')$ und $(\mu' - \sigma')$, wo wieder für $\frac{d}{dt}$ usw. die Striche gesetzt sind und $\sigma = \mu - \varphi$ ist.

Hiermit geht die obere Gleichung über in:

$$C\sigma - i(\mu'' - \sigma'') - K(\mu' - \sigma') = 0.$$

Ersetzt man in dieser Gleichung μ'' durch $\frac{m-c\sigma}{I}$ aus der unteren der Gleichungen 4, so erhält man:

$$C\sigma - i\left(\frac{m-c\sigma}{I} - \sigma''\right) - K(\mu' - \sigma') = 0$$

oder nach $K\mu'$ aufgelöst und geordnet:

$$i\sigma'' + K\sigma' + C\left(1+\frac{i}{I}\right)\sigma - \frac{im}{I} = K\mu'.$$

Wir sehen, daß wir in dieser Gleichung sofort μ' ausscheiden können, wenn wir einmal differenzieren und $\mu'' = \frac{m-c\sigma}{I}$ noch einmal einsetzen, also:

$$i\sigma''' + K\sigma'' + C\left(1+\frac{i}{I}\right)\sigma' - \frac{im'}{I} = K\mu''$$

und $\mu'' = \frac{m-c\sigma}{I}$ eingesetzt

$$i\sigma''' + K\sigma'' + C\left(1+\frac{i}{I}\right)\sigma' - \frac{im'}{I} = \frac{K}{I}(m - C\sigma).$$

Ausgewertet und geordnet erhalten wir dann:

$$i\sigma''' + K\sigma'' + C\left(1+\frac{i}{I}\right)\sigma' + \frac{CK}{I}\sigma = \frac{K}{I}m + \frac{im'}{I}.$$

Teilen wir beide Seiten dieser Gleichung durch i, so ergibt sich:

$$\sigma''' + \frac{K}{i}\sigma'' + C\left(\frac{I+i}{Ii}\right)\sigma' + \frac{CK}{Ii}\sigma = \frac{K}{Ii}m + \frac{1}{I}m'.$$

Ersetzen wir der Einfachheit halber

$\frac{K}{i}$ durch α,

$C\left(\frac{I+i}{Ii}\right) = \frac{GIp}{L}\left(\frac{I+i}{Ii}\right)$ durch β,

$\frac{CK}{Ii} = \frac{C+P_0}{IiV_0}$ durch γ

und $\frac{K}{Ii}$ und $\frac{1}{I}$ durch δ und ε,

so schreibt sich obige Gleichung:

$$\sigma''' + \alpha\sigma'' + \beta\sigma' + \gamma\sigma = \delta m + \varepsilon m' \tag{5}$$

Die verlangte gegenseitige Bewegung $\sigma = (\mu - \varphi)$ der Massen I und i hängt also von der Lösung der Gleichung 5 ab.

Wir können uns den Ausschlag oder die Abweichung aus zwei Abweichungen σ_1 und σ_2 zusammengesetzt denken, so daß $\sigma = \sigma_1 + \sigma_2$ ist; setzen wir diesen Wert für σ in Gleichung 5 ein, so erhalten wir:

$$(\sigma_1''' + \sigma_2''') + \alpha(\sigma_1'' + \sigma_2'') + \beta(\sigma_1' + \sigma_2') + \gamma(\sigma_1 + \sigma_2) = \delta m + \varepsilon m'$$

oder nach σ_1 und σ_2 geordnet:

$$(\sigma_1''' + \alpha\sigma_1'' + \beta\sigma_1' + \gamma\sigma_1) +$$
$$(\sigma_2''' + \alpha\sigma_2'' + \beta\sigma_2' + \gamma\delta_2 - \delta m - \varepsilon m') = 0$$

σ_1 und σ_2 werden diese Gleichungen nur befriedigen, wenn die beiden Klammerausdrücke der Null gleich sind, d. h.

$$\sigma_1''' + \alpha\sigma_1'' + \beta\sigma_1' + \gamma\sigma_1 = 0 \text{ und}$$
$$\sigma_2''' + \alpha\sigma_2'' + \beta\sigma_1' + \gamma\sigma_2 = \delta m + \varepsilon m'.$$

In der oberen Gleichung erkennen wir die einer Eigenschwingung, wie wir sie schon früher angetroffen haben. Setzen wir zur Lösung derselben $\sigma_1 = N e^{mt}$, wo $\frac{d\sigma_1}{dt}$ oder $\sigma_1{}'$ usw. $= m N e^{mt}$ usw. sein soll, so erhalten wir bekanntlich die Bedingungsgleichung

$$m^3 + \alpha m^2 + \beta m + \gamma = 0.$$

Für die Lösung dieser Gleichung sind Methoden bekannt. Wir haben aber nicht nötig, diese Gleichung zu lösen, denn wir wissen, daß eine Gleichung dritten Grades, wie die obige, drei Wurzeln hat oder drei Lösungen m_1, m_2, m_3 zuläßt.

Wir können also für σ_1 schreiben:

$$\sigma_1 = N_1 e^{m_1 t} + N_2 e^{m_2 t} + N_3 e^{m_3 t} \text{ oder}$$
$$N_1 e^{m_1 t} + N e^{at} (A \sin mt + B \cos mt),$$

wenn $m_2 = a + m i$ und $m_3 = a - m i$ sind.

Ferner wissen wir, daß die Wurzeln m_1, m_2, m_3 entweder alle drei reell sind (casus irreducibilis), reell und zwei gleich, oder nur eine reell und die anderen konjugiert komplex sein müssen und die Ausdrücke der Form $N e^{mt}$ theoretisch nach unendlich langer Zeit verschwinden, bei der Dämpfung K aber praktisch fast momentan verschwinden. Da wir annehmen, daß der Bewegungsvorgang, den wie betrachten, schon einige Zeit eingeleitet worden ist, ehe wir uns mit demselben beschäftigen, so können wir σ_1 vernachlässigen. Wäre die Dämpfung gleich Null, so würde σ_1 natürlich neben σ_2 fortbestehen, und σ würde sich als eine Übereinanderlagerung von σ_1 und σ_3 ergeben.

Wir haben es also hier nur mit der Lösung der Gleichung für σ_2 zu tun, die eine erzwungene Schwingung mit $\delta m + \varepsilon m'$ als Störungsfunktion hat.

Ehe wir zur Lösung dieser Gleichung übergehen, müssen wir uns über die Größe m im klaren sein. Da m, wie in Fig. 37 angedeutet, eine periodische Funktion darstellt, so können wir m in eine Fourierreihe entwickeln, wobei zu beachten ist, daß das konstante Glied der Reihe gleich Null ist, da m schon um einen Mittelwert M_0 schwankt, welcher aus dem Ausdruck

$$M = \varphi(t) = Mo + M_1 \sin \omega t + M_2 \sin 2 \omega t$$
$$+ M_1 \cos \omega t + M_2 \cos 2 \omega t$$ folgt, indem

ω die Winkelgeschwindigkeit bedeutet, mit der sich der in Fig. 37

dargestellte Vorgang vollzieht. Da für M nur die Schwankung um den Mittelwert M_0 in Betracht kommt, so können wir schreiben:

$$m = M_1 \sin \omega t + M_2 \sin 2\omega t$$
$$M_1 \cos \omega t + M \quad \cos 2\omega t,$$

m' oder $\frac{dm}{dt}$ wäre dann gleich:

$$M_1\omega \cos \omega t + 2 M_2\omega \cos 2\omega t$$
$$-M_1\omega \sin \omega t - 2 M_1\omega \sin 2\omega t.$$

Berücksichtigen wir der Einfachheit halber nur eine Welle von $m = M_1 \sin \omega t$, dann ist $m' = M_1 \omega \cos \omega t$, oder in die Gleichung für σ_2 eingesetzt, erhalten wir:

$$\sigma_2''' + \alpha\sigma_2'' + \beta\sigma'_2 + \gamma\sigma_2 = \delta M_1 \sin \omega t + \varepsilon M_1\omega \cos \omega t.$$

Wir können die Lösung dieser Gleichung in der Form

$$\sigma_2 = \sigma = Q \sin \omega t + R \cos \omega t \qquad (6)$$

ansetzen, ähnlich wie wir schon in früheren Fällen getan haben. Hiermit ist gesagt, daß, weil die Störungsfunktion aus Sinus- und Cosinus-Gliedern zusammengesetzt ist, die erzwungene Schwingung denselben Charakter haben wird.

Q und R hängen von den Konstanten der obigen Gleichung ab; wir wollen ihre Werte jetzt näher bestimmen. Zu diesem Zwecke differenzieren wir σ_2 entsprechend oft und setzen in obige Gleichung ein; das ergibt in umgekehrter Reihenfolge wie oben geschrieben:

$$\gamma\sigma_2 = (Q \sin \omega t + R \cos \omega t)\,\gamma +$$
$$+ \beta\sigma_2' = (Q\omega \cos \omega t - R\omega \sin \omega t)\,\beta +$$
$$+ \alpha\sigma_2'' = (- Q\omega^2 \sin \omega t - R\omega^2 \cos \omega t)\,\alpha +$$
$$+ \sigma_2''' = (- Q\omega^3 \cos \omega t + R\omega^3 \sin \omega t)$$
$$= \delta M_1 \sin \omega t + 2 M_1\omega \cos \omega t$$

oder nach gleichen Winkelfunktionen zusammengezogen:

$$\left\{Q(\gamma - \alpha\omega^2) + R(\omega^3 - \beta\omega)\right\} \sin \omega t$$
$$+ \left\{Q(\beta\omega - \omega^3) + R(\gamma - \alpha\omega^2)\right\} \cos \omega t = \delta M_1 \sin \omega t + \varepsilon M_1\omega \cos \omega t.$$

Dieser Gleichung kann nur genügt werden, wenn die Koeffizienten gleicher Winkelfunktionen einander gleich sind oder

$$Q(\gamma - \alpha\omega^2) + R(\omega^3 - \beta\omega) = \delta M_1 \text{ und}$$
$$Q(\beta\omega - \omega^3) + R(\gamma - \alpha\omega^2) = \varepsilon\omega M_1.$$

Aus diesen beiden Gleichungen ergeben sich die zwei Unbekannten Q und R (am einfachsten mit Hilfe der schon früher angegebenen Determinanten, vgl. Fußnote 52 S. 54 Bd. I zu

$$Q = \frac{\delta M_1(\gamma - \alpha\omega^2) - \varepsilon\omega M_1(\omega^3 - \beta\omega)}{(\gamma - \alpha\omega^2)^2 + (\omega^3 - \beta\omega)^2},$$

$$R = \frac{\varepsilon\omega M_1(\gamma - \alpha\omega^2) + \delta M_1(\omega^3 - \beta\omega)}{(\gamma - \alpha\omega^2)^2 + (\omega^3 - \beta\omega)^2}.$$

Setzen wir diese Werte für Q und R in Gleichung 6 ein, so hätten wir den Ausdruck für die erzwungene Schwingung, d. h. für die gegenseitige Bewegung $\sigma = (\mu - \varphi)$ von I und i gefunden.

Wir können indes für σ einen etwas einfacheren Ausdruck erhalten, indem zugleich auch die Lage des Verlaufs von σ gegenüber dem Verlauf von m in bezug auf ω festgelegt wird, oder, was dasselbe ist, wir wollen für σ einen Ausdruck finden, in dem die Phasenverschiebung λ vorkommt.

Für Q und R können wir auch schreiben:

$$S \cos \lambda \text{ und } S \sin \lambda,$$

wo S und λ noch näher zu bestimmen sind. Da

$$Q = S \cos \lambda \text{ und } R = S \sin \lambda,$$

so ergibt sich

$$Q^2 + R^2 = S^2 (\sin^2 \lambda + \cos^2 \lambda)$$

oder

$$S = \sqrt{Q^2 + R^2}$$

und

$$tg\lambda = \frac{R}{Q},$$

(Geometrisch stellt S also die Resultierende der beiden Amplituden Q und R vor.)

und für Gl. 6 können wir schreiben:

$$\sigma_2 = \sigma = S \cos \lambda \sin \omega t + S \sin \lambda \cos \omega t$$
$$= S \sin (\omega t + \lambda)$$

Für $S = \sqrt{Q^2 + R^2}$ ergibt sich mit Einsetzen der für Q und R gefundenen Werte

$$S = \sqrt{\frac{(\delta^2 M_1^2 + \varepsilon^2 \omega^2 M_1^2)(\gamma - \alpha\omega^2)^2 + (\omega^3 - \beta\omega)^2}{(\gamma - \alpha\omega^2)^2 + (\omega^3 - \beta\omega^2)^2}}$$

$$= \sqrt{\frac{M_1^2 (\delta^2 + \varepsilon^2 \omega^2)}{(\gamma - \alpha\omega^2)^2 + (\omega^3 - \beta\omega)^2}} = M_1 \sqrt{\frac{\delta^2 + \varepsilon^2 \omega^2}{(\gamma - \alpha\omega^2)^2 + (\omega^3 - \beta\omega)^2}},$$

und für $tg\,\lambda = \frac{R}{Q}$ erhalten wir:

$$\frac{M_1 \left\{\varepsilon\omega (\gamma - \alpha\omega^2) + \delta (\omega^3 - \beta\omega)\right\}}{M_1 \left\{\delta (\gamma - \alpha\omega^2) - \varepsilon\omega (\omega^3 - \beta\omega)\right\}}$$

oder

$$\lambda = \text{arc } tg \frac{\varepsilon\omega (\gamma - \alpha\omega^2) + \delta (\omega^3 - \beta\omega)}{\delta (\gamma - \alpha\omega^2) - \varepsilon\omega (\omega^3 - \beta\omega)}.$$

Wir können daher für die erzwungenen Schwingungen der Masse i schreiben:

$$\sigma = (\mu - \varphi) = M_1 \sqrt{\frac{\delta_2 + \varepsilon^2 \omega^2}{(\gamma - \alpha\omega^2)^2 + (\omega^3 - \beta\omega)^2}} \cdot \sin \left(\omega t + \text{arc } tg \frac{\varepsilon\omega (\gamma - \alpha\omega^2) + \delta (\omega^3 - \beta\omega)}{\delta (\gamma - \alpha\omega^2) - \varepsilon\omega (\omega^3 - \beta\omega)}\right). \quad (7)$$

Wir wollen hier noch einmal die Werte von $\alpha, \beta, \gamma \ldots$ wiederholen und gleichzeitig ihre Größenverhältnisse unter praktischen Verhältnissen angeben:

$$\alpha = K/i \text{ rund } \frac{1}{1000} = 10^{-3}$$

$$\beta = C\left(\frac{I+i}{Ii}\right) = \frac{GIp}{L}\left(\frac{I+i}{Ii}\right) \cong 1000000 = 10^{6}$$

$$\gamma = \frac{CK}{Ii} = \frac{Cr}{Ii}\,\frac{Po}{Vo} \cong \frac{1}{10} = 10^{-1}$$

$$\delta = \frac{K}{Ii} \text{ rund } \frac{1}{1000000} = 10^{-6}$$

$$\varepsilon = \frac{1}{I} \text{ rund } \frac{1}{10000000} = 10^{-7}.$$

Wir sehen hieraus, daß δ^2 und ε^2 sehr klein sind (10^{-12} bezw. 10^{-14}) und daß in Gleichung 7 nur die Werte von α, β und γ von nennenswerter Größe sind (α und γ sind 10^{-3} und 10^{-1}). Von diesen hat β bei weitem den größten Wert 10^6 und hat deshalb auf die Größe der Amplitude S von σ den weitaus größten Einfluß; ist daher im besonderen das Glied, welches β enthält, gleich Null, so können wir uns denken, daß wir uns in allernächster Nähe des größten Wertes von S bezw. σ befinden; in diesem Falle ergibt sich ω aus

$$(\omega^3 - \beta\omega)^2 = 0$$

oder

$$\omega^2 = \beta$$

und

$$\omega = \sqrt{\beta} = \sqrt{C\left(\frac{I+i}{Ii}\right)}$$

d. h. bei der Winkelgeschwindigkeit $\omega = \sqrt{C\left(\frac{I+i}{Ii}\right)}$ erreicht die gegenseitige Bewegung $\sigma = (\mu - \varphi)$ der Massen I und i sehr angenähert ihre größten Werte; tatsächlich erreicht dieselbe ihren größten Wert bei einer Winkelgeschwindigkeit, die etwas geringer als der obige Wert von ω ist. Wie wir später sehen werden, stimmt $\omega = \sqrt{C\left(\frac{I+i}{Ii}\right)}$ mit der natürlichen Schwingungszahl der Welle mit ihren Masse I und i überein. Während also bei der ungedämpften Schwingung der Massen I und i der gegenseitige Anschlag $\sigma = (\mu - \varphi)$ seinen größten Wert für diejenige Winkelgeschwindigkeit erreicht, mit der die natürliche Schwingung von I und i vor sich geht, erreicht dieselbe infolge der Dämpfung ihren größten Wert bei einer etwas geringeren Winkelgeschwindigkeit als der letztgenannten. Die Unterschiede sind indessen praktisch nicht zu unterscheiden[4]).

[4]) Für die Größe der Amplitude S bezw. σ ist der Ausdruck $\frac{\delta^2 + \varepsilon^2\omega^2}{(\gamma - \alpha\omega^2)^2 + (\omega^3 - \beta\omega)^2}$ maßgebend; es würde sich also darum handeln, auszufinden, für welchen Wert von ω obiger Ausdruck seinen größten Wert annehmen würde. Theoretisch ist es nicht schwer, diesen Wert zu finden;

Die Lage der Amplitude S von σ in bezug auf die der störenden Kräfte ergibt sich durch Einsetzen von $\omega^2 = \beta$ in den Ausdruck für die Phasenverschiebung λ oder

$$tg\lambda = \frac{\varepsilon\omega''}{\delta} = \frac{1}{I} \cdot \frac{Ii\omega}{K} = \frac{i}{K}\omega = \frac{\omega}{\alpha},$$

und da α im Verhältnis zu $\omega = \sqrt{\beta}$ klein ist, rund Null, ergibt sich λ für diesen Fall angenähert zu 90 Gr. Je kleiner α ist, d. h. je kleiner K und je größer i, um so mehr wird dieses zutreffen, für $K = 0$ oder für die reine Eigenschwingung $tg\,\lambda$ wird $\alpha = 0$ oder $= \infty$, d. h. λ genau gleich 90 Gr. Wir sehen also, daß die Verschiebung der größten Werte von σ für gedämpfte und dämpfungsfreie Schwingung von der Phasenverschiebung $\lambda = \text{arc. } tg\,\frac{\omega}{\alpha}$ abhängig ist, und um so mehr verschwindet, je näher λ an 90 Gr. heranreicht.

Um zu zeigen, daß $\omega = \sqrt{C\,\frac{I+i}{Ii}}$ tatsächlich der natürlichen Schwingungszahl der Massen I, i entspricht, brauchen wir in Gleichung 5 die mit dem Dämpfungsfaktor K behafteten Glieder von σ sowie die Störungsfunktion der Null gleichzusetzen, womit gesagt wird, daß das dämpfungsfrei gedachte System nach einer augenblicklichen Störung sich selbst überlassen wird. Das ergibt:

$$\sigma''' + C\left(\frac{I+i}{Ii}\right)\sigma' = 0$$

oder

$$\sigma''' + \beta\sigma' = 0.$$

Ganz ähnliche Gleichungen haben wir schon früher gelöst (S. 91 Bd. II). Unsere Bedingungsgleichung lautet einfach:

$$m^3 + \beta m = 0$$

oder

$$m = \sqrt{-\beta} = \sqrt{\beta}\,i,$$

daher

$$\sigma = A \sin\sqrt{\beta}\,t + B\cos\sqrt{\beta}\,t.$$

Für A und B sind wieder die Anfangsbedingungen maßgebend. Nehmen wir an, daß für die Zeit $t = 0$, σ einen größten Wert σ_0 erreicht und daher $\frac{d\sigma}{dt}$ zur Zeit $t = 0$ Null ist

---

man differenziert einfach den obigen Ausdruck nach ω, setzt ihn der Null gleich und löst nach ω auf, wozu bemerkt werden mag, daß die Differenzierung des Ausdruckes an und für sich sehr einfach ist, daß jedoch die Auflösung nach ω nicht so einfach ist. Der praktische Ingenieur wird in einem gegebenen Falle den obigen Ausdruck für einige Werte von ω in der Nähe von $\omega = \sqrt{\beta}$ auftragen.

Ein ähnliches Beispiel für eine erzwungene geradlinige Schwingung findet sich bei Lorenz, Starre Systeme S. 227. Vergl. auch Frahm Loc. cit. p. 886, und Gümbel, Torsional Vibrations of Shafts (Inst. Naval Architects). Engineering 1902 p 475.

In unsere letzte Gleichung für σ eingesetzt ergibt das

$$\begin{aligned}\sigma_0 &= A \sin \sqrt{\beta}\,.\,0 + B \cos \sqrt{\beta}\,.\,0\\ &= A\,.\,0 + B\,.\,1\end{aligned}$$

oder $$\sigma_0 = B.$$

Für $\frac{d\sigma}{dt}$ eingesetzt erhalten wir

$$\begin{aligned}\frac{d\sigma}{dt} = 0 &= \sqrt{\beta}\, A \cos \sqrt{\beta}\, t - \sqrt{\beta} B \sin \sqrt{\beta}\, t\\ &= \sqrt{\beta}\, A \cdot 1 - \sqrt{\beta}\, B \cdot 0\end{aligned}$$

oder $$A = 0.$$

Daher erhalten wir für σ den Ausdruck

$$\sigma = \sigma_0 \cos \sqrt{\beta}\, t;$$

σ erreicht seine größten Wert σ_0 zu Zeiten t, die $\cos \sqrt{\beta}\, t = 1$ machen, oder für $t = 0$, wie schon festgesetzt, und $t_1 = \frac{2\pi}{\sqrt{\beta}}$, $t_2 = \frac{4\pi}{\sqrt{\beta}}$ usw.

Da t_1 die Zeit einer vollständigen Hin- und Herschwingung bedeutet, so ergibt sich die natürliche Schwingungsdauer der Welle zu

$$t_1 = T = \frac{2\pi}{\sqrt{\beta}}$$

oder, da $\omega = \frac{2\pi}{t_1} = \frac{2\pi}{T}$ ist, so wird die Winkelgeschwindigkeit der natürlichen Schwingungen von I und i gleich $\sqrt{\beta}$ oder $\sqrt{C\frac{I+i}{Ii}}$, wie wir im Vorhergehenden behauptet haben. Es ist interessant, hier zu bemerken, daß der Ausdruck $\frac{I+i}{Ii}$ in dem Ausdruck für die natürliche Schwingungszahl eine Art reduziertes Trägheitsmoment darstellt, d. h. wir können den Ausdruck für ω schreiben:

$$\sqrt{\frac{C}{\frac{Ii}{I+i}}} = \sqrt{\frac{C}{I_0}}$$

oder die natürliche Frequenz

$$\frac{1}{T} = f = \frac{1}{2\pi}\sqrt{\frac{C}{I_0}} = \frac{1}{2\pi}\sqrt{\frac{GIp}{LI_0}},$$

ein Ausdruck, der genau dem in Fußnote 10 S. 8f Bd. II angegebenen entspricht, oder anders ausgedrückt: Würde man an der Welle von der Länge L eine Masse vom Trägheitsmoment $I_0 = \frac{Ii}{I+i}$ anbringen und die Welle am entgegengesetzten Ende fest einspannen, so würde die Masse I_0 genau dieselbe natürliche Schwingungszeit haben wie die durch dieselbe Wellenlänge L verbundenen, sonst frei beweglichen Massen I und i.

Dieses hat den folgenden Grund: Bei der natürlichen Schwingung erfolgen sämtliche Schwingungen derart, daß sie möglichst lange fortbestehen können, und da bei einer natürlichen Schwingung nur einmal eine gewisse Energiemenge dem Schwingungssystem zugeführt wird, heißt das, daß im System keine unnütze Arbeit geleistet werden darf. Solche kann aber nur geleistet werden, wenn der Schwerpunkt des ganzen Systems selbst eine Schwingung ausführt; um also die natürliche Schwingung unter geringstem Arbeitsaufwand zu vollführen, muß der Gesamtschwerpunkt während der Schwingung in absoluter Ruhe verharren. Aus diesem Grunde finden wir bei den natürlichen Schwingungen gewisse Knotenpunkte, auf deren Verbindungslinie der Gesamtschwerpunkt während der Schwingung unbeweglich verbleibt. Bei der Torsionsschwingung im obigen Fall fällt der Knotenpunkt mit dem Gesamtschwerpunkt zusammen, und wir können uns den ganzen Schwingungsvorgang so vorstellen, als ob jede Masse für sich um den als festliegend gedachten Gesamtschwerpunkt ihre eigenen Schwingungen vollführte. Bezeichnen wir mit l_1 und mit l_2 die Entfernungen von I und i vom Gesamtschwerpunkt, so sind die Schwingungszeiten dieser Massen

$$T_1 = 2\pi \sqrt{\frac{I l_1}{G I p}} \text{ und } T_2 = 2\pi \sqrt{\frac{i l_2}{G I p}}.$$

Über die Größe von l_1 und l_2 wissen wir vorerst nur, daß ihre Summe $l_1 + l_2 = L$ die Gesamtlänge der Welle ergeben muß. Da aber der Hauptschwerpunkt keine Bewegung haben soll, so muß das statische Moment der Bewegungsgröße (siehe Fußnote 18 Seite 25 Bd. II) an dieser Stelle gleich Null sein. Oder, da keine Drehung des Systems während der Schwingung erfolgt, können wir sagen, daß auf das System ein Gesamtmoment $M = 0$ wirkt. Die einzigen Momente, die auf das System wirken können, sind die entgegengesetzt wirkenden Momente der Bewegungsgröße von I und i. Die Größe dieser Momente wird abhängen von der augenblicklichen Winkelgeschwindigkeit und der Größe von I und i. Die augenblicklichen Winkelgeschwindigkeiten werden direkt abhängen von den Längen l_1 und l_2, oder wir können sie gleich $K l_1$ und $K l_2$ setzen, wo K eine Konstante ist. Wir können daher die Summe der Momente schreiben:

$$I K l_1 - i K l_2 = 0$$

oder $\frac{I}{i} = \frac{l_1}{l_2}$ (was besagt, daß der ruhende Punkt mit dem Schwerpunkt von I und i übereinstimmt).

Hierfür können wir schreiben:

$$\frac{I}{i} + 1 = \frac{l_2}{l_1} + 1$$

oder

$$\frac{I+i}{i} = \frac{l_1+l_2}{l_1} = \frac{L}{l_1},$$

woraus

$$l_1 = \frac{Li}{I+i} \text{ folgt.}$$

Analog findet sich

$$l_2 = \frac{LI}{I+i}.$$

In die obigen Gleichungen für T_1 und T_2, l_1 und l_2 eingesetzt, erhalten wir:

$$T_1 = 2\pi \sqrt{\frac{LIi}{GIp\,(I+i)}} \quad \text{und} \quad T_2 = 2\pi \sqrt{\frac{LIi}{GIp\,(I+i)}}$$

oder

$$T_1 = T_2,$$

woraus wir nach Früherem ersehen, daß die Massen I und i um ihren Gesamtschwerpunkt genau so schwingen wie eine Masse $\frac{Ii}{I+i} = I_0$ am Ende der ganzen Wellenlänge L oder wie die Massen am Ende der Welle gegeneinander schwingen, ein Ergebnis, welches für die Bestimmung der Eigenschwingungen elastisch verbundener Körper von besonderer Bedeutung ist. Der praktische Ingenieur wird sich hier sagen, daß die Anwendung der in Fußnote 10 Seite 8f Bd. II angegebenen Gleichungen selbst bei komplizierten Schwingungssystemen noch möglich ist, wenn man die Größe der reduzierten Masse M_0 oder des reduzierten Trägheitsmomentes I_0 sofort übersehen kann. Kann man dieses nicht ohne weiteres, so wird er sich sagen, daß er die genannten Gleichungen doch noch anwenden kann, wenn er sie so anwendet, als ob eine der schwingenden Massen um den festliegend gedachten Gesamtschwerpunkt des Systems seine Schwingungen ausführte. Die Aufsuchung dieses Schwerpunktes wird keine Schwierigkeiten bereiten, da jeder Ingenieur Schwerpunkte bestimmen kann.

Im Gegensatz zu den natürlichen Schwingungen bewegt sich der Gesamtschwerpunkt im Falle der erzwungenen Schwingung, und die hierzu nötige Arbeit muß die erregende Kraft liefern. Dieses ist auch bei unserem System in Fig. 35 der Fall; anstatt daß der Schwerpunkt der Trägheitsmomente I und i in Ruhe verharrt, führt er eine Schwingung aus, und die hierzu nötige Arbeit gibt das Moment m her. Oder wenn das ganze System mit der mittleren Winkelgeschwindigkeit ω umläuft, so bleibt der Schwerpunkt gegen diese nicht in Ruhe, sondern er führt gegen diese eine Pendelung aus.

Das bedeutet nach Vorstehendem, daß ein Teil der von der Maschine der Masse I mitgeteilten Arbeit von dem Propeller i nicht dem Wasser mitgeteilt werden kann, sondern zur Bewegung des Gesamtschwerpunktes an die Welle gebunden ist. Es wird somit der Wirkungsgrad der Gesamtmaschinenanlage herabsinken. Diese Verminderung des Wirkungsgrades hat indes nichts mit dem Wirkungsgrad der Maschine noch des Propellers allein zu tun, sondern betrifft lediglich das elastische Verbindungsglied zwischen Maschine und Propeller.[5])

Aus den oben dargelegten Gründen dürfte die Richtigkeit unserer früher schon gemachten Behauptung, daß im allgemeinen die natürliche Schwingungszahl eines Systems auch für die erzwungenen Schwingungen maßgebend ist, ohne weiteres hervorgehen. So haben wir oben z. B. festgestellt, daß die größte gegenseitige Bewegung der Massen von Maschine und Propeller sehr angenähert dann eintritt, wenn die Winkelgeschwindigkeit des Arbeitsverlaufes der Maschine mit der der natürlichen Schwingungszahl der Welle mit den umlaufenden Massen an ihren Enden übereinstimmt.

Für die oben angegebene Gleichung $\omega = \sqrt{C\,\frac{I+i}{Ii}}$ für die Eigenschwingungen wird meistens eine andere Form angegeben. Bezeichnet man nämlich die umlaufenden Maschinenmassen auf den Kurbelarm R bezogen mit m_1 und die des Propellers auf denselben Arm bezogen mit m_2, so können wir statt I und i schreiben:

$$= m_1 R^2 \quad \text{und} \quad i = m_2 R^2.$$

Setzt man diese Werte in obige Gleichung für ω ein, so ergibt sich mit

$$C = \frac{GIp}{L}$$

$$\omega = \sqrt{\frac{GIp}{LR^4} \cdot \frac{R^2 (m_1 + m_2)}{m_1 m_2}} = \sqrt{\frac{GIp}{LR^2} \cdot \frac{m_1 + m_2}{m_1 m_2}}\,.$$

Hier bedeutet der Ausdruck $\frac{GIp}{LR^2}$ diejenige Kraft, welche, am

---

[5]) Der Gesamtwirkungsgrad sinkt bei starken Verdrehungsschwingungen in der Hauptsache wohl aus folgenden Gründen. Der Propeller erzeugt in diesem Falle einen positiven Schub, jedoch wirft derselbe infolge der Schwingungen einmal Wasser nach hinten und einmal nach vorn, so daß die entsprechenden Reaktionsschübe sich aufheben. Die zur Erzeugung dieser Schübe benötigte Energiemenge geht daher für die Anordnung verloren, und der Wirkungsgrad sinkt entsprechend. Bei einer genauen Untersuchung der Torsionsschwingungen müßte eigentlich dieser Schubwechsel Berücksichtigung finden. Am praktischsten wird der Einfluß wohl berücksichtigt, wenn man den Schubmodul G für gleichzeitige Verdrehung und Schubwirkung bestimmt, wie im Kapitel über die Eichung der Wellen des näheren dargetan wurde.

Kurbelarm angreifend, nötig ist, um den Kurbelzapfen bei festliegender Welle 1 cm auf seinem Kreis zu verschieben. Bedenkt man noch, daß der in Fig. 37 dargestellte Arbeitsvorgang n-mal in der Minute erfolgt, wo n die Umdrehungszahl der Maschine bedeutet, so ergibt sich für ω oder den zurückgelegten Winkel in der Sekunde $\frac{2\pi n}{60}$ Hiermit geht unsere letzte Gleichung über in

$$\frac{2\pi n}{60} = \sqrt{\frac{GIp}{LR^2} \cdot \frac{m_1 + m_2}{m_1\, m_2}}$$

oder

$$n = \frac{30}{\pi R}\sqrt{\frac{GIp}{L} \cdot \frac{m_1 + m_2}{m_1\, m_2}},$$

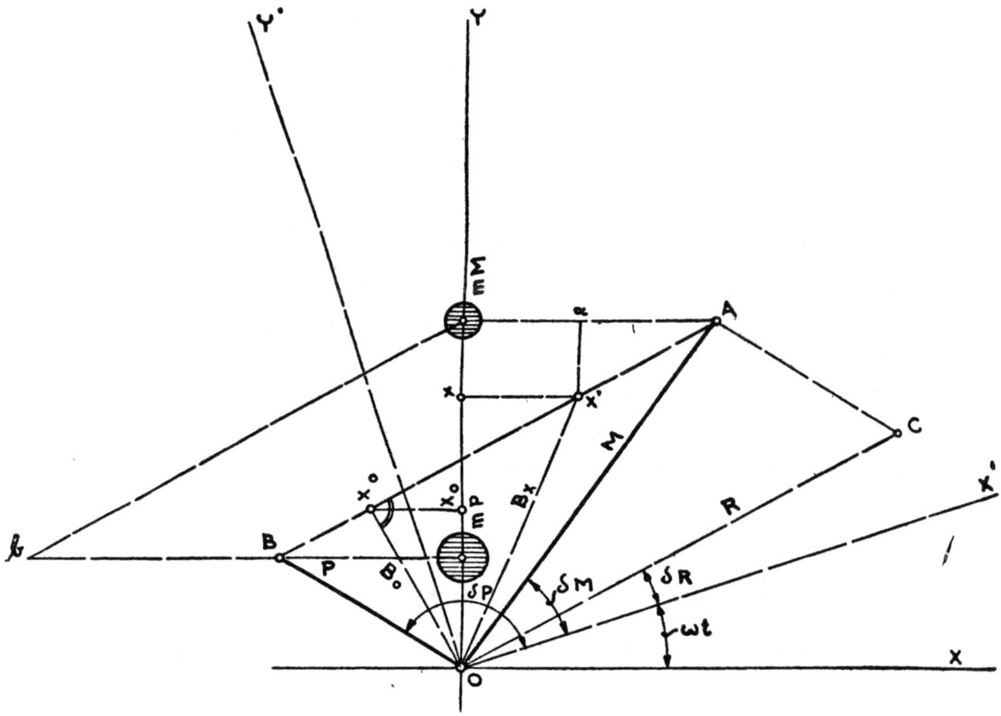

Fig. 41.

eine Form, in der die natürliche Schwingungszahl der Schiffswellen meist angegeben wird.[6])

[6]) Vergl. Frahm, Z. d. V. d. I. 1902, S. 886, und Forschungsarbeiten, Heft 6. Bauer, Berechnung und Konstruktion der Schiffsmaschinen und -Kessel, zweite Auflage, Seite 75.

Föttinger, Z. d. V. d. I. 1902 und Forschungsarbeiten 1905, Heft 25, S. 86.

Da die Länge L der Schiffswellen meistens konstruktiv festliegt, sowie auch m_1, m_2 und R, so hat man es in der Hand, die Umdrehungszahl der Maschine durch entsprechende Wahl des polaren Trägheitsmomentes des Wellenquerschnittes Ip die natürliche Schwingungszahl der Welle beliebig über oder unter der normalen Umdrehungszahl der Maschine zu halten. (In entsprechenden Fällen ist natürlich auch auf die kritische Umdrehungszahl für die Transversalschwingungen der Wellen zu achten.)

Wir haben hier noch einiges hinzuzufügen, welches uns für die Anbringung der Verdrehungsmesser von Bedeutung zu sein scheint. Man könnte fragen, weshalb wir aus der Gleichung 3 auf Seite 75 für die Bewegungen der Massen I und i nicht die Einzelbewegungen μ und φ, sondern deren Differenz $\sigma = (\mu - \varphi)$ bestimmt haben. Man sieht jedoch leicht, daß die absolute Größe der Einzelbewegungen μ und φ für uns nicht das geringste Interesse hat, und daß lediglich der Unterschied $\sigma = (\mu - \varphi)$ derselben für uns in Betracht kommt und lediglich für die gegenseitige Bewegung von I und i maßgebend ist, also für die Beanspruchung der Welle ausschlaggebend ist.

Hätten wir uns dagegen nach dem Vorgang von Frahm dieser Mühe unterzogen, so hätten wir für μ und φ Funktionen erhalten, die z. B. Amplituden M und P und Phasenverschiebungen δ_M und δ_P aufzuweisen gehabt hätten, ebenso wie wir für $\sigma = (\mu - \varphi)$ eine Amplitude S und eine Phasenverschiebung λ erhielten. Denken wir uns dann ein feststehendes Achsensystem $x\,y$, auf das wir die Bewegung der Welle mit einem mit diesem fest verbunden gedachten Achsensystem $x'\,y'$ beziehen, so können wir $M = O\,A$ und $P = O\,B$ wie in Fig. 41 auftragen. Dabei sind δ_M und δ_P die entsprechenden Phasenverschiebungen gegen den Störungsverlauf. ωt stellt jenen Winkel dar, um den sich das System $x'\,y'$ gegen das feststehende $x\,y$ zur Zeit t gedreht hat. Die Projektionen von $O\,B = P$ und $O\,A = M$ stellen dann die jeweilige Lage von m_P und m_M, der Propeller- und Maschinenmassen, die wir im Vorhergehenden mit m_2 und m_1 bezeichnet haben, dar.

Die relative Lage derselben dagegen wird durch die Projektion der Verbindungslinie der Endpunkte A und B von M und P dargestellt. Diese entspricht unserer Amplitude S für σ und ist in Fig. 41 parallel zu $A\,B = O\,C = R$ eingetragen. Diese Amplitude hat die Phasenverschiebung δ_R, welche unserem früheren λ entspricht.

Soweit haben wir nur die gegenseitige Bewegung von den Massen $m\,P$ und $m\,M$ behandelt. Die Bewegung von irgend einem

Querschnitt x der Welle zwischen $m P$ und $m M$ wird nun durch die Amplitude B_x dargestellt, die sich dadurch ergibt, daß man den Punkt x' auf $A B$ findet, dessen Projektion x ist. Das B_x tatsächlich die Bewegung von x in bezug auf $m P$ oder $m M$ darstellt, ergibt sich aus der folgenden Überlegung.

Denken wir uns eine Welle $A B$ wie in Fig. 42, und denken wir uns den Querschnitt C gegen D um $\sigma = (\mu - \varphi)$ verdreht, so sehen wir sofort, daß die Verdrehung im Querschnitt $x - x$ gleich $\sigma \frac{l_1}{L}$ sein wird; σ entspricht aber unserer gegenseitigen Bewegung der Massen $m P$ und $m M$, und daher wird die Bewegung von x (Fig. 41) abhängen von dem Verhältnis

$$\frac{l_1}{L} \text{ oder } \frac{m M - x}{m M - m P},$$

durch die x die Strecke $m M - m P$ teilt. Mit Hilfe der Ähnlichkeit der Dreiecke $a x' A$ und $m M\, b\, m P$ kann endlich gezeigt werden, daß die Amplitude $A B = O C$ der gegenseitigen Bewegung von $m P$ und $m M$ im Verhältnis $\frac{m M - x}{m M - m P}$ durch x' geteilt wird.

Aus den Amplituden-Dreiecken $O A x'$ und $O B x'$ geht dann ohne weiteres oervor, daß $A x'$ die Bewegung von x in bezug auf $m M$ und

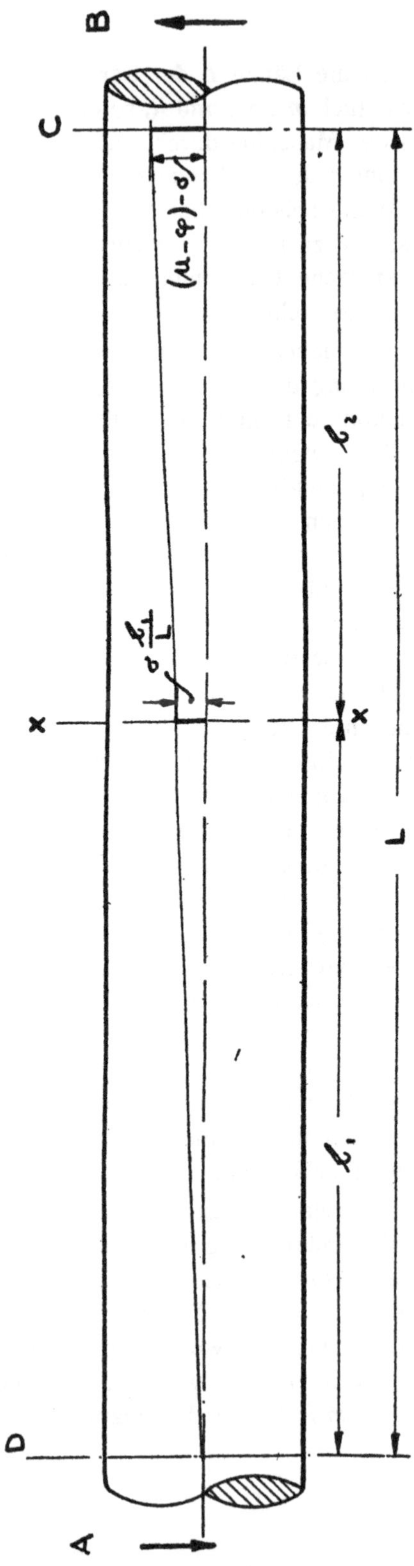

Fig. 42.

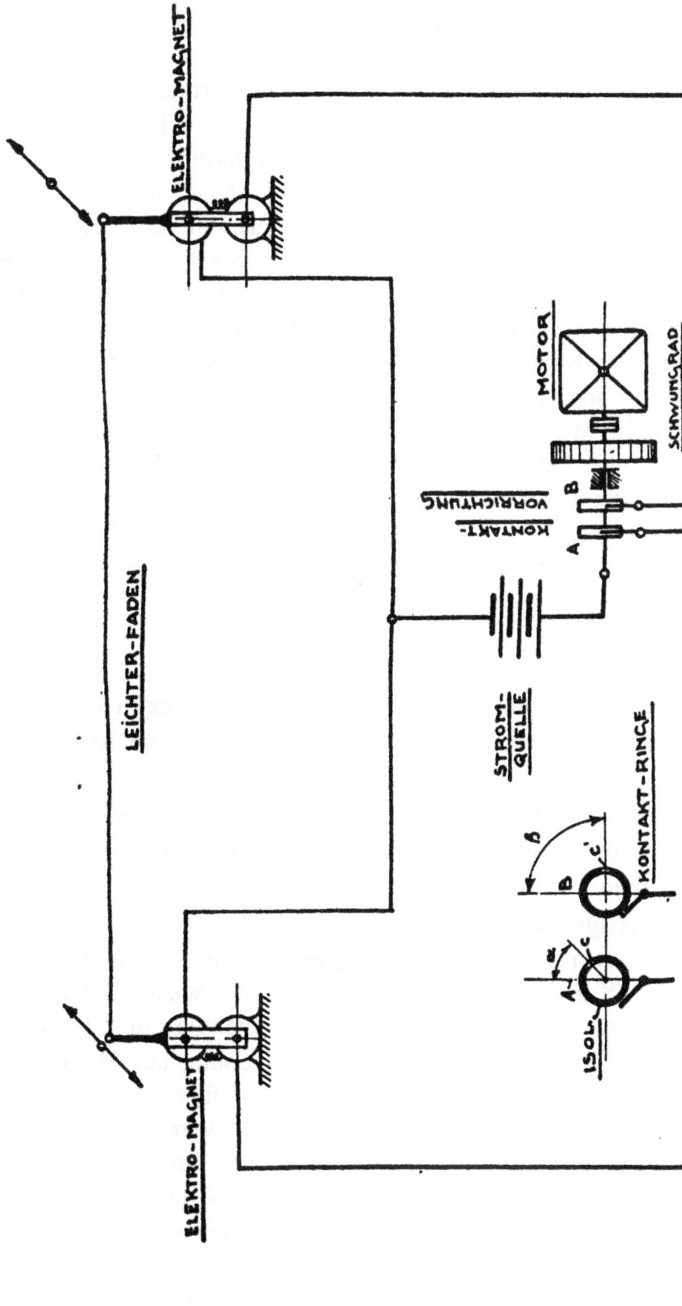
ELEKTRO-MAGNET
LEICHTER-FADEN
ELEKTRO-MAGNET
MOTOR
SCHWUNGRAD
B
KONTAKT-
VORRICHTUNG
A
STROM-
QUELLE
KONTAKT-RINGE
ISOL.
A
c
B
c'

Fig. 43.

$B x'$ die Bewegung von x in bezug auf $m P$ darstellt. Die absolute Bewegung von x wird dagegen durch $B x = O x'$ dargestellt, da $M = OA$ und $P = OB$ die absolute Bewegung von $m M$ bezw. $m P$ darstellen. Der Punkt X_0 der Welle, der absolut die kleinste Bewegung ausführt, ist dann derjenige Punkt, dessen Projektion X'_0 auf AB den kleinsten Vektor $Bx = Bo$ hervorbringt. Dieses ist der Punkt X_0, für den Bx rechtwinklig zu $A B$ steht. Für die natürliche Schwingung wird die Strecke $Bo = 0$, womit wieder gesagt ist, daß der Schwerpunkt keine Bewegung ausführt. Für die erzwungene Schwingung fällt der Punkt xo praktisch dem Gesamtschwerpunkt sehr nahe. Den Querschnitt der Welle bei X_0 nennt man auch wohl den indifferenten Querschnitt. Für die Aufnahme von Verdrehungsdiagrammen zu Zwecken der Kraftmessung erscheint es angebracht, den Verdrehungsmesser möglichst in den Punkt X_0 zu legen, womit, soweit dieses angängig wäre, unnütze Schwingungen vermieden würden. Da jeder Störungswelle ein neuer Punkt X_0 entspricht, so wird man den Verdrehungsmesser an jenen Punkt X_0 legen, der der stärksten Welle entspricht.

Zum vergleichenden Studium möge hier die Frahm'sche Arbeit empfohlen werden.

Versuchsanordnungen.

Es sollen im Folgenden einige Versuchsanordnungen beschrieben werden, die dazu dienen können, frühere Ausführungen praktisch zu bestätigen.

Um zu zeigen, daß bei der eben behandelten Torsionsschwingung tatsächlich Knotenpunkte entstehen, kann man sich etwa der folgenden Versuchsanordnung bedienen.

Zwei Elektromagnete (Fig. 43) haben ihre Anker durch einen leichten Faden verbunden. Jeder Magnet hat seine eigene Leitung, die durch einen Kontaktring A bezw. B gesteuert wird. Die Kontaktringe werden von einem kleinen Motor mit schwerem Schwungrad angetrieben. Um eine beliebige Phasenverschiebung der Magnetanker vorsehen zu können, sind die Kontaktringe auf ihrer Achse drehbar angebracht, so daß sie gegeneinander verstellt werden können. In Fig. 43 eilt die Kontaktstelle C von A z. B. um den Winkel $(\beta - \alpha)$ gegen die Kontaktstelle C' von B vor oder nach, je nach der Drehrichtung. Bei freier Torsionsschwingung gehen beide Massen zu gleicher Zeit durch die Nullage, schwingen aber in einander entgegengesetzten Richtungen. Diese Bewegung kann mit obiger Vorrichtung

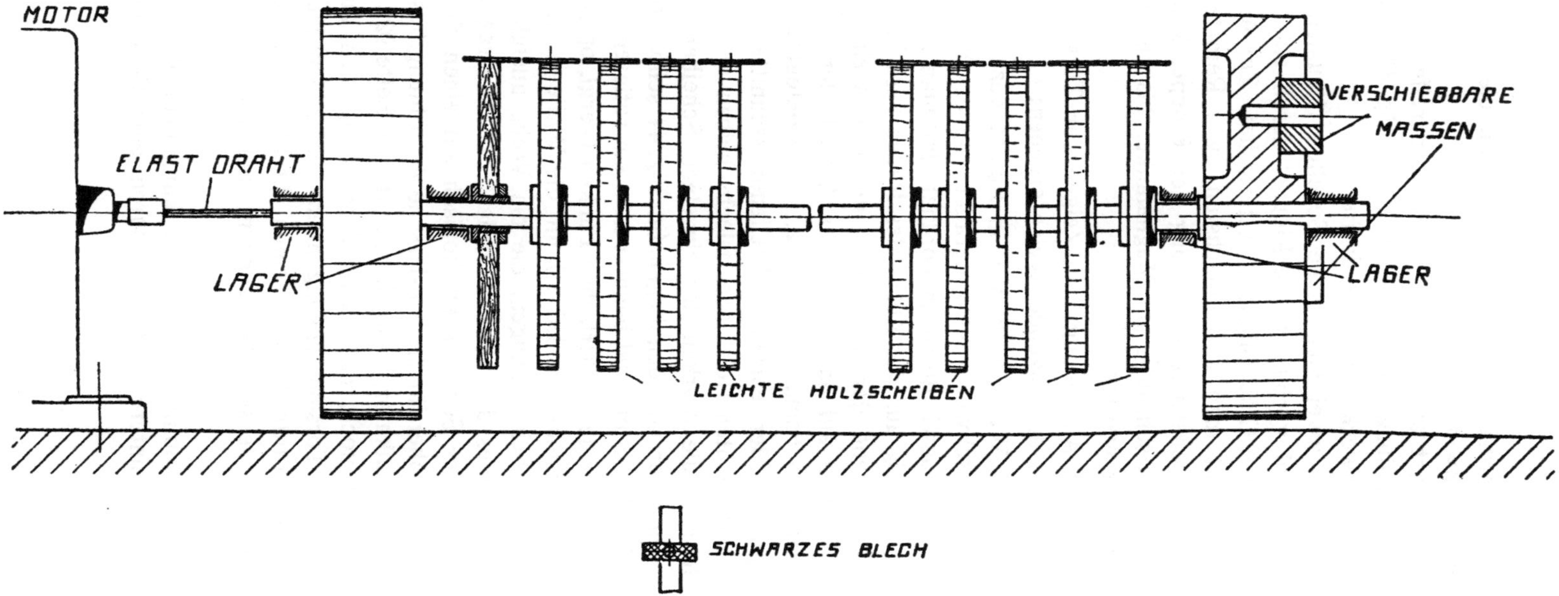
MOTOR
ELAST DRAHT
LAGER
VERSCHIEBBARE
MASSEN
LAGER
LEICHTE HOLZSCHEIBEN
SCHWARZES BLECH

Fig. 44.

leicht nachgeahmt werden. Es sei hier auch an die Analogie der ebenen Transversalschwingung erinnert.

In sehr einfacher Art läßt sich eine Anordnung treffen, die keineswegs so genaue Einstellung ermöglicht wie die in Fig. 43 angegebene. doch für allgemeine Zwecke genügen dürfte.

Man stellt einfach zwei elektrische Schellen (Haustelegraphen) einander gegenüber und verbindet ihre Klöppel durch einen leichten Faden, nachdem man die Glockenkörper entfernt hat. Zur Aufstellung der Schellen gebraucht man am einfachsten zwei Retortenständer mit Haltern. Die gegenseitige Bewegung der Klöppel kann durch Einstellung der Kontaktschraube am Magnetanker bis zu einem gewissen Grade geregelt werden.

Eine weit bessere Anordnung zum Zeigen der Torsionsschwingungen würde sich auf die folgende Weise ergeben:

Eine lange, dünne Welle wird, wie in Fig. 44 gezeigt, gelagert. An ihren Enden sind schwere Schwungräder angebracht. Das auf der rechten Seite hat Gewichte so angeordnet, daß man den Schwerpunkt desselben beliebig aus der Achse des Rades verschieben kann. Hierdurch wirkt während der Umdrehung des Rades ein periodisch veränderliches Moment auf das Rad. Der Antrieb der Welle kann durch einen Motor elastisch, wie in Fig. 44 angedeutet, erfolgen. Um die Bewegungen der einzelnen Wellenquerschnitte zu zeigen, wird die Welle mit leichten Holz- oder Blechscheiben versehen. Bei ruhender Welle sind die Marken der einzelnen Scheiben so einzustellen, daß sie in einer Geraden liegen (in Fig. 44 schwarze Blechmarke). Läuft die Welle um, und benutzt man ein rotierendes Prisma oder einen Spiegel oder den elektrischen Funken (vergl. optische Verfahren zur Verdrehungsmessung, Bd. II), um die Welle zu betrachten, so sieht man nur die Schwingungen, die die Welle ausführt, infolge des störenden Momentes des rechten Rades. Zu Vortragszwecken kann die Bewegung der Scheiben episkopisch auf einen Schirm geworfen werden, wie früher für die Amslersche Anordnung beschrieben wurde (Der Torsionsindikator, Band II, Fußnote 10, Seite 92).

Zu bemerken ist noch, daß diese Vorrichtung sich auch zum näheren Studium der Torsionsschwingungen verwenden läßt. Man kann z. B. den Motorantrieb durch einen direkten Antrieb mittels eines Kurbelgetriebes, dessen Bewegungen man analysiert hat, ersetzen.

Die Schwingungsamplituden der Welle kann man photographisch aufnehmen, und das hintere Rad kann durch eine Scheibe ersetzt

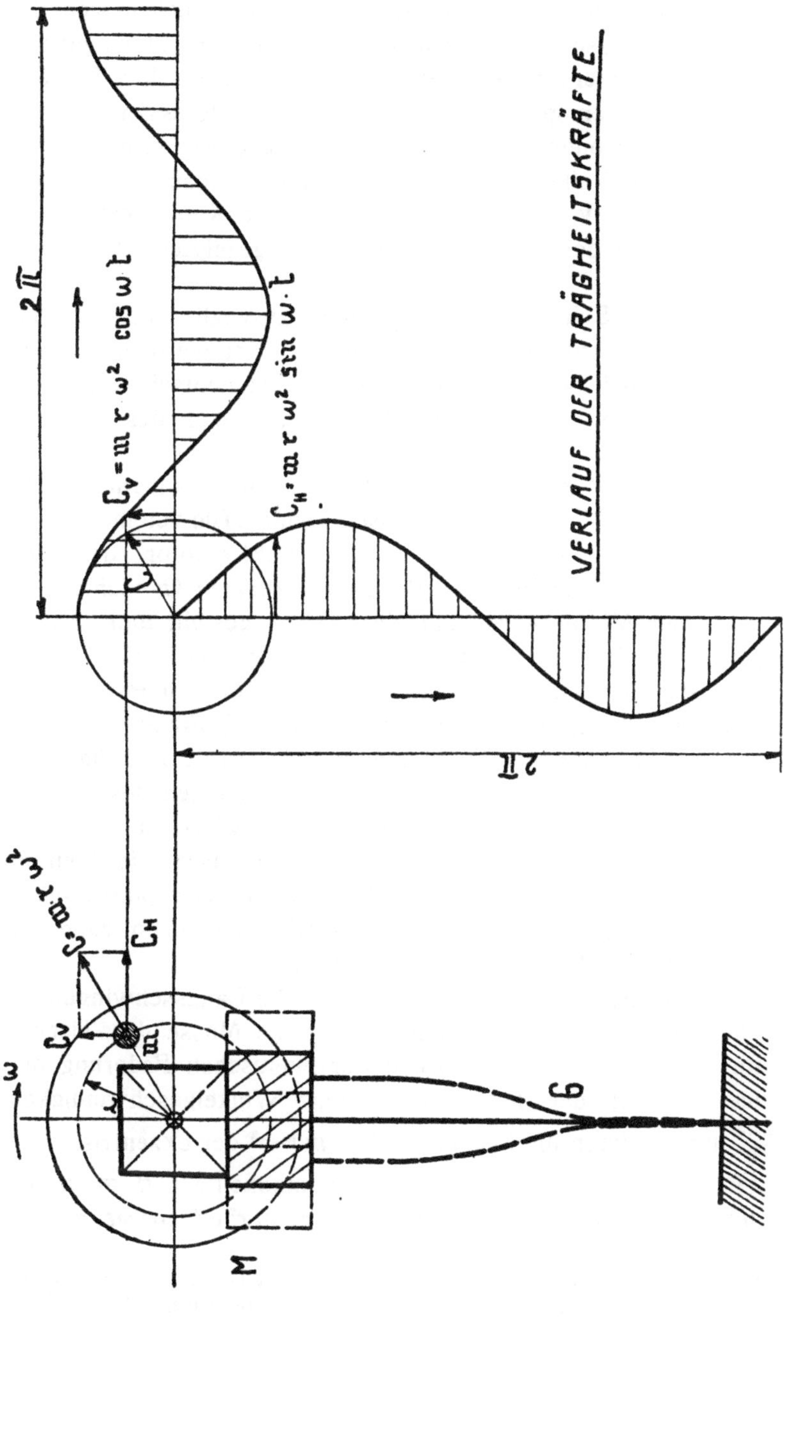
2π
C_v = m r ω² cos ω t
C_H = m r ω² sin ω t
C
2π
VERLAUF DER TRÄGHEITSKRÄFTE
C = m r ω²
C_H
C_v
m
ω
r
G
M

Fig. 45.

werden, die in einem dämpfenden Mittel arbeitet. Durch Änderung des Dämpfungsmittels, der Störungsfunktionen usw. ließen sich die verschiedenen Einflüsse dieser Größen auf die Torsionsschwingungen leicht zeigen. Besonders wäre die Bestimmung der kritischen Tourenzahlen bei verschieden geformten Scheiben usw. interessant.

Würden im besonderen die erwähnten Scheiben sehr schwer ausgeführt und die Welle dagegen leicht, so könnte man die Massenschwingungen einer Welle selbst studieren. Die Knotenbildung ist hier nicht unähnlich der, die bei der in Fig. 43 gezeigten Anordnung auftritt.

Wie durch die Schwingungen von nicht ausgeglichenen Massen Arbeit verbraucht wird, soll im Folgenden gezeigt werden. Solche Fälle treten ein bei Schiffsschwingungen, Fundamentschwingungen, Wellenschwingungen, schaukelnden Bahnwagen und des anderen mehr.

Sommerfeld [7]) hat gezeigt, wie die Fundamentsschwingungen die Arbeitsleistung einer Maschine beeinflussen können. Die von ihm hierzu benutzte Vorrichtung bestand aus einem Elektromotor, der eine Scheibe trug, die mit einem exzentrisch angeordneten Gewichte versehen war. Der Motor wurde auf einen Tisch gestellt und in Umdrehung versetzt. Bei einer gewissen Umdrehungszahl fing der Tisch an, in der Längsrichtung zu schwingen. Bis zu diesem Punkt stieg die Umdrehungszahl des Motors mit zunehmender Kraftzufuhr. Wurde von diesem Punkt an dem Motor immer mehr Kraft zugeführt, so blieb die Umdrehungszahl konstant. Die Schwingungen des Tisches nahmen hierbei zunächst bis zu einem größten Wert zu, um dann wieder abzunehmen, plötzlich beruhigte sich der Tisch, die Tourenzahl des Motors ging scharf in die Höhe, und die Tischplatte selbst geriet in Schwingungen. Bei weiterer Kraftzufuhr blieb dann die Umdrehungszahl des Motors wieder konstant.

Diese Versuchsanordnung ist in Fig. 45 für die Längsschwingungen des Tisches schematisch dargestellt. M ist die Masse des Tisches mit Motor und Zubehör, G entspricht der elastischen Federung der Tischbeine. Läuft der Motor mit einer Winkelgeschwindigkeit $\omega = \frac{2\pi n}{60}$ um, so kann die Fliehkraft $C = m\,r\,\omega^2$ der exzentrisch angeordneten Masse m in eine horizontale Komponente $CH = m\,r\,\omega^2 \sin \omega t$ und eine vertikale Komponente $CV = m\,r^2\,\omega^2 \cos \omega t$ zerlegt

[7]) Sommerfeld, Aachener B. V.: Beiträge zum dynamischen Ausbau der Festigkeitslehre. Z. d. V. d. I. 1902, Seite 391 f. Vergl. auch Benischke E. T. Z. 1902, Seite 97 f.

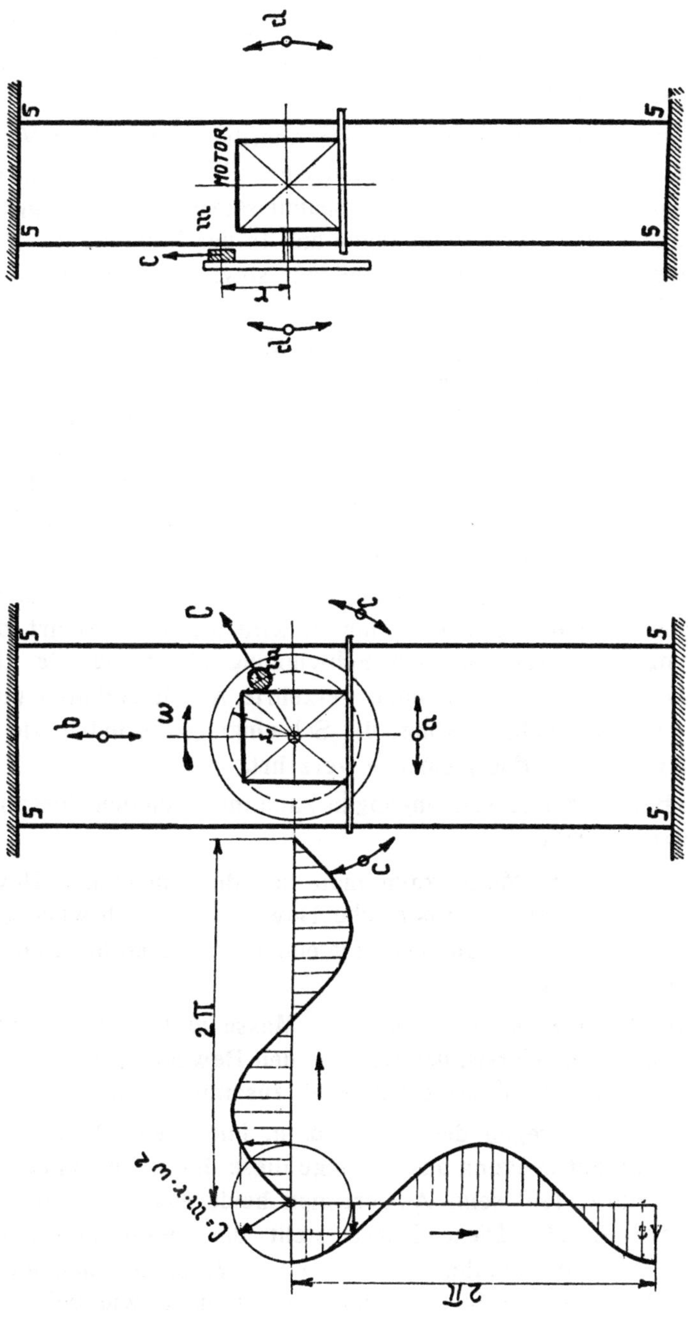

Fig. 46.

werden. Der Verlauf dieser Kräfte ist in Fig. 45 dargestellt. *CH* stellt dann die Störungsfunktion für die hin und her gehende Schwingung der Tischplatte dar, und *CV* kommt für die Schwingung der Platte selbst in Betracht.

In Fig. 46 ist eine etwas andere Anordnung desselben Versuches gezeigt. Der Motor findet hier auf einer Platte Aufstellung, die mit vier Drähten oder Federn *S S* verspannt sein soll. Der Doppelpfeil *a* gibt die Hin- und Herschwingungen an. In der Richtung des Pfeiles *b* kann die Plattenschwingung erfolgen, sowie die Längsschwingung der Drähte *S S*.

Da aber die Zentrifugalkraft *C* der Masse *m* um den Schwerpunkt des Motors ein Moment hat, so können noch andere Schwingungen auftreten, z. B. um eine in der Papierebene liegende Achse (Pfeile *c*), oder rechtwinklig zu dieser (Pfeile *d*). Für welche Umdrehungszahl des Motors diese Schwingungen eintreten, ergibt sich nach Früherem aus der Eigenschwingungszahl der Motoraufhängung in den entsprechenden Schwingungsrichtungen.

Weshalb die Umdrehungszahl eines Motors beim Eintreten einer gewissen Schwingung nicht zunimmt, wird meist so erklärt, daß zur Erhaltung einer erzwungenen Schwingung die erregende Ursache stets die von den Widerständen verzehrte Arbeit zuführen muß. Ist dieses nicht der Fall, so klingt die Schwingung ab, indem sie die ihr einmal zugeführte Energiemenge verzehrt.

Im Falle der Tischschwingungen kann man sich den Vorgang auch wie folgt vorstellen.

Bei ruhendem Motor kann man sich die umlaufende Bewegung der Masse *m* in zwei harmonische Bewegungen rechtwinklig zueinander zerlegt denken, von denen die eine der anderen um eine Viertel-Periode voraus ist.

Der Punkt *P* in Fig. 47, der die Masse *m* vorstellen möge, beschreibt also einen Kreis, der sich aus den Bewegungen, die durch die Kurven *I—I* und *I'—I'* dargestellt sind, zusammensetzt.

Schwingt dagegen der Motor, d. h. führt sein Mittelpunkt eine harmonische Schwingung aus, so möge diese durch die Kurven *III—III* in Fig. 47 dargestellt sein. Addiert man beide Kurven, so erhält man die Kurve *II—II*. Diese Kurve stellt die Gesamtbewegung des Punktes *P* in horizontaler Richtung vor. Verbindet man die Kurve *II—II* mit der Kurve *I—I*, so führt dieses nicht, wie bei *I'—I'* und *I—I*, zu einem Kreise, sondern zu einer Ellipse.

Im Falle des Kreises steht der Fußpunkt der Fliehkraft C stets senkrecht zum durchlaufenen Weg. Im Falle der Ellipse dagegen besitzt die Fliehkraft eine Komponente, die mit dem Weg zusammenfällt, und eine, die senkrecht dazu steht; letztere leistet keine Arbeit.

ab ist der Vektor für die Bewegung des Mittelpunktes M der Motorscheibe, *ac* ist der Vektor für die Kreisbewegung. Der Vektor für die Gesamtbewegung $II—II$ ergibt sich zu $ab + ac = ad$, weil keine Phasenverschiebung vorhanden ist. Um die Richtung der Fliehkraft C für einen Punkt P der Ellipse zu finden, braucht

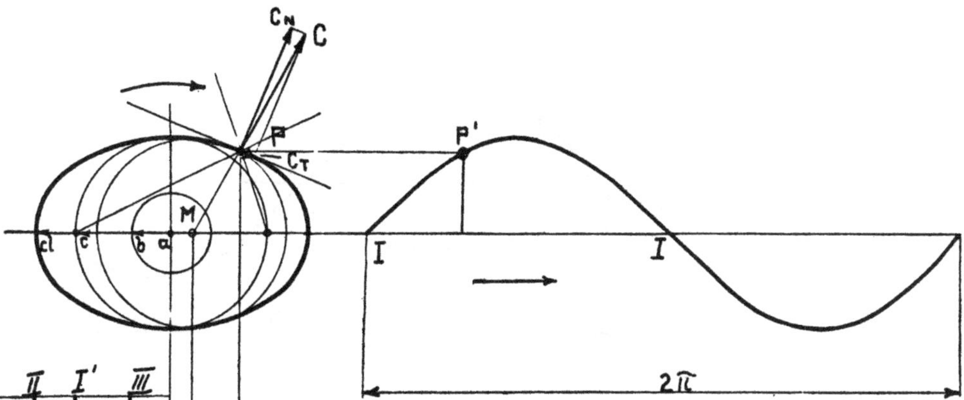

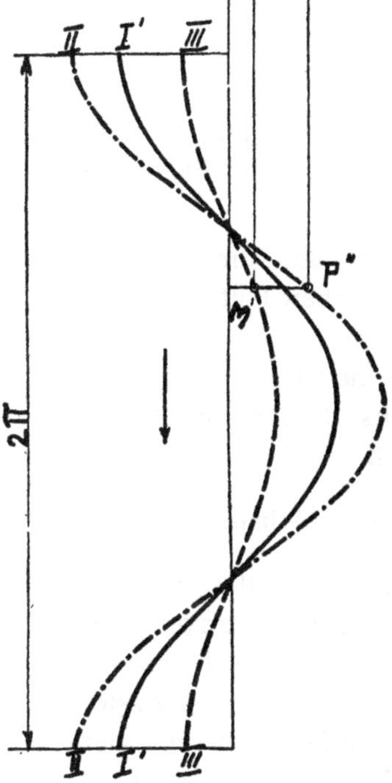

Fig. 47.

man nur auf $II—II$ zu projizieren, das ergibt P''; die Projektion von P'' auf $III—III$ gibt M', und projiziert man M' nach oben, so erhält man den Punkt M, in dem sich der Mittelpunkt der Scheibe befindet, in dem Augenblicke, in dem die Masse m sich im Punkt P befindet. P findet sich umgekehrt aus P'' und P', wie in Fig. 47 angedeutet. Zieht man in bekannter Weise mit Hilfe der Brennstrahlen die Tangente in P an die Ellipse, so ergibt die Projektion von C auf diese und die Normale die Componenten C_t und C_n. $\pm C_t \times ds$ ist dann die Größe der in der Zeit dt verrichteten Arbeit.

Für die vertikale Schwingung (Tischplatte) gilt eine ähnliche Ueberlegung.

Fig. 48 zeigt denselben Vorgang für eine Phasenverschiebung ε zwischen der Kreiskomponente I'—I' mit Vektor $a\,c$ und der Mittelpunktsbewegung II—II mit Vektor $a\,b$. Die Gesamtbewegung ist durch die Kurve III—III mit Amplitude $a\,d$ und Phasenverschiebung φ dargestellt. Aus der vertikalen Kreiskomponente I—I und III—III ergibt sich dann wieder eine Ellipse, nur ist deren Achse entsprechend der Phasenverschiebung schräg gerichtet. Die Lage des Punktes R folgt aus der Lage von R' und R''. M ist die Projektion von M' auf die Bewegungsrichtung des Mittelpunktes der Scheibe. Die Tangente in R

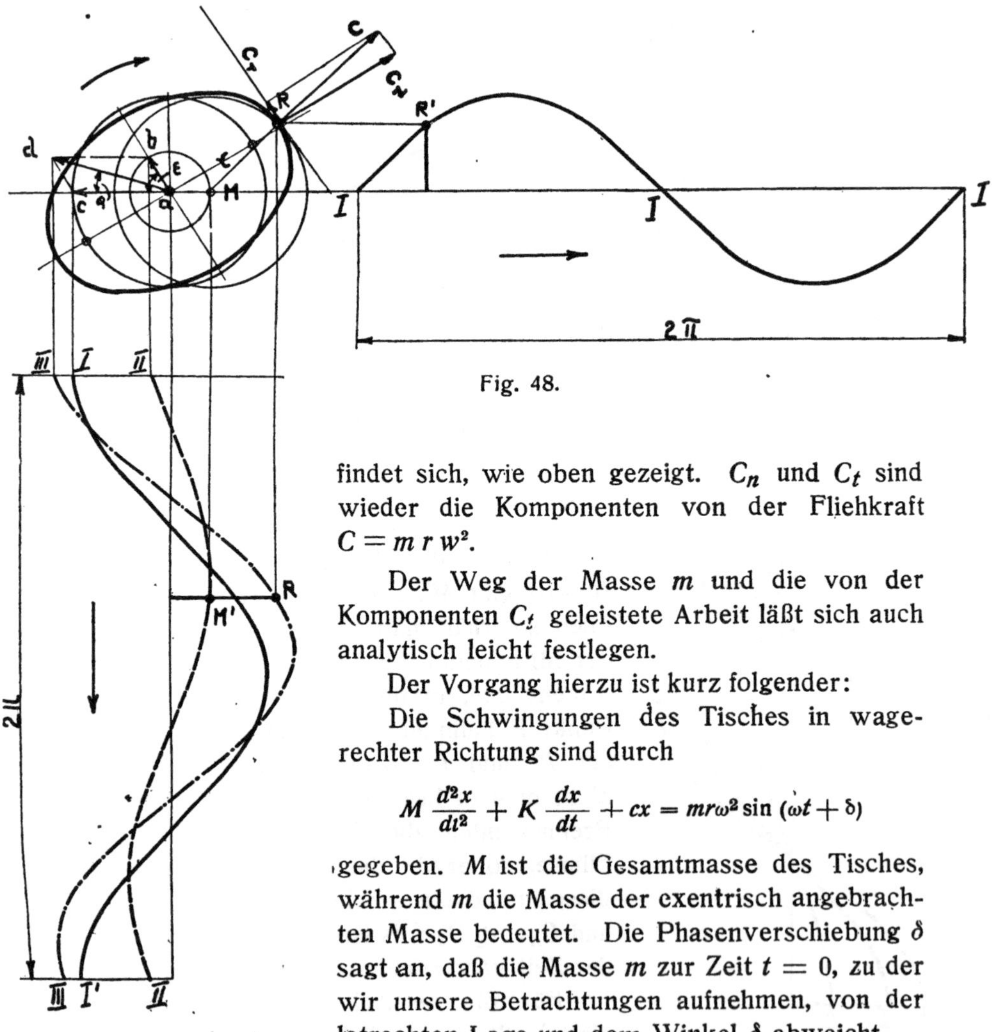

Fig. 48.

findet sich, wie oben gezeigt. C_n und C_t sind wieder die Komponenten von der Fliehkraft $C = m\,r\,w^2$.

Der Weg der Masse m und die von der Komponenten C_t geleistete Arbeit läßt sich auch analytisch leicht festlegen.

Der Vorgang hierzu ist kurz folgender:

Die Schwingungen des Tisches in wagerechter Richtung sind durch

$$M\,\frac{d^2x}{dt^2} + K\,\frac{dx}{dt} + cx = mr\omega^2 \sin(\omega t + \delta)$$

gegeben. M ist die Gesamtmasse des Tisches, während m die Masse der exentrisch angebrachten Masse bedeutet. Die Phasenverschiebung δ sagt an, daß die Masse m zur Zeit $t = 0$, zu der wir unsere Betrachtungen aufnehmen, von der lotrechten Lage und dem Winkel δ abweicht.

Hieraus möge sich für x der Wert

$$x = Pmr\omega^2 \sin(\omega t + \varepsilon)$$

ergeben, wo ε die Phasenverschiebung der erzwungenen Schwingung x angibt.

Die Koordinaten X, Y für den Weg von m sind dann

$$X = r \sin(\omega t + \delta) + Pmr\omega^2 \sin(\omega t + \varepsilon)$$
$$Y = r \cos(\omega t + \delta)\,.$$

Mit Hilfe der Beziehung

$$\sin(\omega t + \delta) = \sqrt{1 - \cos^2(\omega t + \delta)}$$

ergibt sich dann

$$X = r\sqrt{1 - \frac{Y^2}{r^2}} + Pmr\omega^2 \sin(\omega t + \varepsilon)\,.$$

(Ist die Tischschwingung Null, so kommt man auf die Kreisgleichung zurück.)

Differenziert man diesen Ausdruck, so erhält man $\frac{dY}{dX} = tg\,\eta$, wo η der Winkel ist, den die Tangente an obige Kurve im Punkte X, Y mit der Abszisse macht.

Da die Fliehkraft C zur Zeit t einen Winkel $(\omega t + \delta)$ mit der lotrechten Lage bildet, so ergibt sich für die Projektion der Fliehkraft auf die Tangente

$$C_t = mr\omega^2 \cos\left\{\left(\frac{\pi}{4} - (\omega t + \delta) + (\pi - \operatorname{arc} tg \frac{dY}{dX}\right)\right\}.$$

Das Arbeitselement dA ist dann

$$dA = C_t \times ds,$$

wo das kleine Wegstück

$$ds = dX\sqrt{1 + \left(\frac{dY}{dX}\right)^2} \text{ ist}$$

Das Integral $\int C_t ds$ ergibt dann die Größe der Arbeit, welche von der Fliehkraft pro Umdrehung geleistet wird, um die Schwingung zu erhalten.

Weit schwieriger gestaltet sich die analytische Behandlung der erzwungenen Schwingungen der Tischplatte selbst.

Die Platte ist hierbei als rechtwinklige am Rande eingespannte homogene Membran zu betrachten[8]).

Denkt man sich die Tischplatte in der xy-Ebene liegend, so ist die Masse eines Flächenelementes $dy\,dx$ derselben gleich $\varrho\,dx\,dy$,

[8]) Vergl. Routh a. a. O. Kapitel XIV, § 632, Seite 509 f. Die Bewegung einer Membran.

wo $\varrho = \frac{\mu}{g}$ die Masse pro Flächeneinheit darstellt. Wird die Spannung pro Längeneinheit mit T bezeichnet, so wirken parallel zur xz- und yz-Ebene elastische Rückstellkräfte $T\,dy$ und $T\,dx$. Die Richtung dieser Kräfte fällt mit den Endtangenten des Flächenelementes zusammen. Die horizontalen Komponenten dieser Kräfte heben sich auf. Die vertikalen Komponenten addieren sich und werden aus einem Kräftedreieck bestimmt, dessen zwei Seiten $T\,dy$ bezw. $T\,dx$ sind und der spitze Winkel $dx\,\frac{d^2z}{dx^2}$ bezw. $dy\,\frac{d^2z}{dy^2}$ ist oder die Krümmungsänderung darstellt (Biegungsmoment, Festigkeit rotierender Scheiben oder dickwandiger Zylinder, Seilreibung).

Die Bewegungsgleichung der Tischplatte kann man jetzt schreiben, wenn man sich die periodisch wirkende Kraft $m\,r\,\omega^2 \cos(\omega t + \delta)$ durch eine fortwährende wirkende Kraft P pro Flächeneinheit ersetzt denkt,

$$\rho\,dy\,dx\,\frac{d^2z}{dt^2} + T\,dy\,dx\left(\frac{d^2z}{dx^2} + \frac{d^2z}{dy^2}\right) = P\,dy\,dx$$

oder

$$\rho\,\frac{\delta^2 z}{\delta t^2} + T\left(\frac{\delta^2 z}{\delta x^2} + \frac{\delta^2 z}{\delta y^2}\right) = P.$$

Diese Gleichung gilt natürlich nur für die Schwingung der Tischplatte, wenn man sich die Motormasse und m gleichmäßig über dieselbe verteilt denkt und die Dämpfung vernachlässigt.

Für e i n e der erzwungenen Hauptschwingungen allein des Angriffspunktes der störenden Kraft ergibt die obige Gleichung dann

$$z = Qmr\omega^2 \cos(\omega t + \lambda),$$

wo Q von der Gesamtmasse der Platte, dem Verhältnis der Spannung zur Dichtigkeit $\frac{T}{\rho}$, ω, den Randbedingungen (Abmessungen der Platte) und den Koordinaten des Angriffspunktes der störenden Kraft abhängig sein wird, womit sich die Koordinaten für die Bahn der Masse m, ähnlich wie weiter oben, ergeben:

$$Y = r\cos(\omega t + \delta) + Qmr\omega^2 \cos(\omega t + \lambda),$$
$$X = r\sin(\omega t + \delta).$$

Die Berechnung der Arbeit der Fliehkraft erfolgt dann, wie oben schon gezeigt.

Die Richtigkeit der obigen Behauptung, daß die mit der Bewegungsrichtung zusammenfallende Komponente der Fliehkraft die zur Erhaltung der Schwingung nötige Arbeit leistet, ergibt sich auch einfach aus folgender Ueberlegung: Bei der horizontalen Tischschwingung erfolgt die Bewegung des Fußpunktes der Fliehkraft horizontal und die horizontale Komponente der letzteren leistet Arbeit. Die vertikale

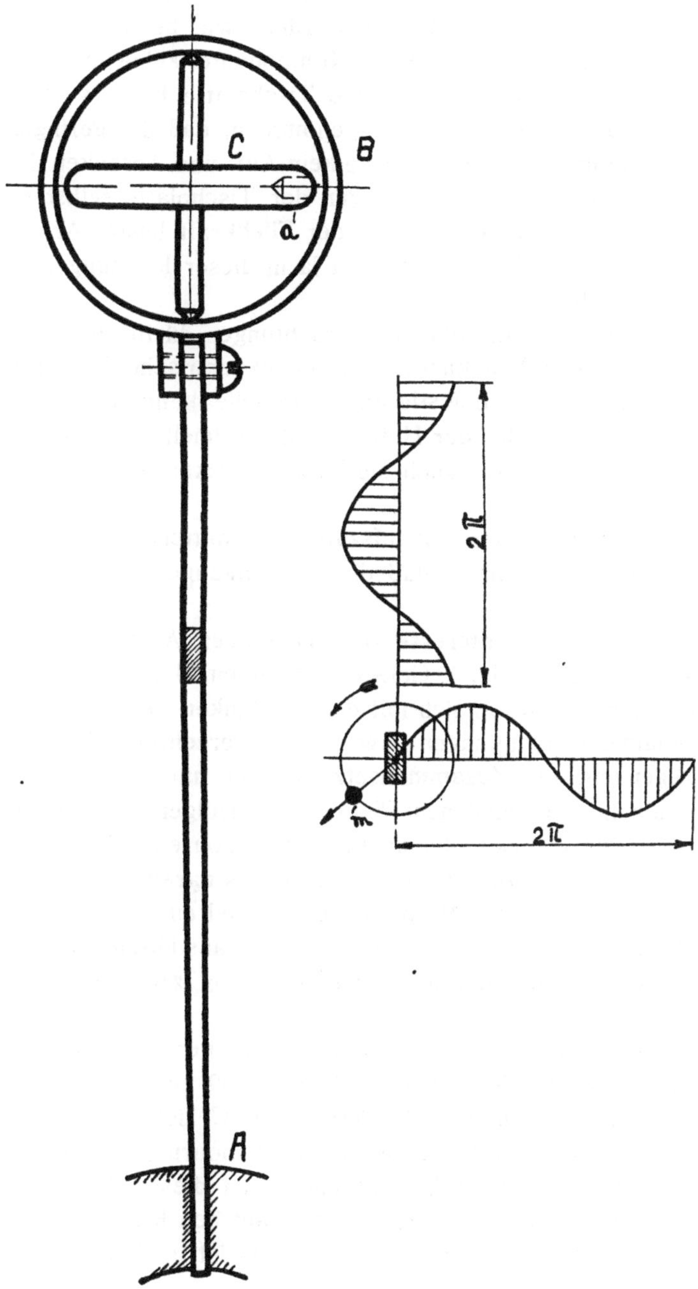

Fig. 49.

Komponente leistet keine Arbeit, da sie nur periodisch wechselt, nicht aber ihre Nullpunkte verschoben werden, wie bei der horizontalen Schwingung. Daß die vertikale Komponente keine Arbeit leistet, stimmt auch damit überein, daß die Tischplatte keine vertikale Bewegung ausführt. Hierbeit ist angenommen, daß die geringen Horizontalschwingungen der Tischplatte kein Auf- und Absenken derselben verursachen. Für die Schwingungen der Tischplatte selbst gilt ähnliches. Die vertikale Komponente der Fliehkraft leistet Arbeit, während die horizontale keine leistet, da ja in dieser Richtung auch keine Bewegung erfolgt.

Interessanter als die obigen Betrachtungen dürfte der experimentelle Nachweis der Wegkurven für die exzentrische Masse *m* sein. Mit Hilfe einer an *m* befestigten Lichtquelle kann man diese ohne weiteres zeigen. (Glühender Holzspan, der schnell in beliebiger Kurve bewegt wird). Man kann auch die Bewegungskurve auf einen Schirm werfen.

Die Bestimmung der Umlaufszahl kann mittels eines elektrischen Tourenzählers erfolgen, so daß die Schwingungen des Motors nicht gestört werden.

Von besonderem Interesse sind die obigen Ausführungen, da sie dem Studierenden reichlich Gelegenheit geben, durch die Ausführung von einfachen Versuchen sich mit dem Gedanken vertraut zu machen, daß Fundamentschwingungen usw. Arbeit verzehren. Ebenso geben sie Gelegenheit, die Zusammensetzung von harmonischen Schwingungen, die in verschiedenen Richtungen erfolgen, zu zeigen, sowie Übungsstoff für die Berechnung kritischer Tourenzahlen.

Es ist wohl unnötig, hier noch besonders darauf hinzuweisen, daß ein nicht ausbalancierter Motor in der Gondel eines Luftschiffes ähnliche Bewegungen wie der Motor in Fig. 46 ausführen will. Im Falle der Resonanz wird dann der Zusammenhang zwischen Motor und Gondel gefährdet.

Eine sehr interessante Anordnung [9]), an der die obigen Ausführungen bestätigt werden können, ist in Fig. 49 gezeigt.

B ist ein Ring, in dem das Kreiselrad *C* sich frei drehen kann. Der Schwerpunkt von *C* ist durch die Ausbohrung *a* aus der Drehachse verschoben. Beim Umlauf von *C* ist dieses dasselbe, als ob eine Masse *m* mit einer Fliehkraft $m\,r\,\omega^2$ auf den Ring *B* wirkt. *B* ist an einem Flacheisen befestigt, und letzteres ist in *A* fest eingespannt.

---

[9]) Diese Anordnung rührt von van Schaik her. Vergl. Fricke, Physikalische Technik, S. 1321 f

Setzt man den Kreisel *C* mittels eines Abziehfadens in schnelle Bewegung, so wird zunächst die ganze Anordnung in absoluter Ruhe verharren. Sobald jedoch die Umdrehungszahl des Kreisels so weit abgefallen ist, daß sie mit der natürlichen Schwingungszahl des Stabes für die Querschwingungen über die Breitseite übereinstimmt, gerät die Vorrichtung in heftige Schwingungen. Da dem Kreisel aber keine frische Energie zugeführt wird, so bedingt der Arbeitsverbrauch durch die Schwingungen ein schnelles Herabsinken der Umdrehungszahl von *C*, und die ganze Vorrichtung befindet sich bald wieder in vollkommener Ruhe. Ganz plötzlich fängt sie wieder an, lebhaft zu schwingen, aber in einer Richtung, die rechtwinklig zu der der ersten Schwingungen steht. Die Umlaufszahl des Kreisels stimmt jetzt mit der des Stabes für seine natürlichen Schwingungen über die schmale Seite überein. Durch den Arbeitsverlust, den die Schwingungen erzeugen, sinkt die Umdrehungszahl des Kreises weiter; die Vorrichtung kommt wieder zur Ruhe, und der Kreisel läuft endlich aus[10]).

Würde man den Kreisel ungleichförmig antreiben, so könnte man die Schwingungen von Unterwellen beobachten. Einen Anhalt für die Größe der Schwingungszahlen gibt der von der Bohrung *a* erzeugte Ton.

Von größerem Interesse ist noch die Anordnung zweier Vorrichtungen der Fig. 49 mit verschiedenen Eigenschwingungszahlen der Stäbe. Die Schwingungen der Stäbe sind dann durch die Unterlage oder Einspannung gekoppelt und verzehren ihre Kreiselenergie gegenseitig, indem die eine Vorrichtung die andere in Schwingungen versetzen will.

Zum Schluß sei noch darauf hingewiesen, daß man die Knotenlinien der im Vorhergehenden besprochenen Schwingungen der Tischplatte unter dem Einfluß periodischer auf diese wirkender Kräfte durch

---

[10]) Diese Ausführungen dürften für die Bestimmung der Verluste durch die Auslaufmethode an elektrischen Maschinen, die nicht auf schwingungssicherer Unterlage stehen und Auswuchtungsfehler aufweisen, von Bedeutung sein.

Dasselbe gilt für die Bestimmung von Trägheitsmomenten auf ähnlichem Wege.

Interessant ist es, hier zu bemerken, daß es eine Zeit gab, zu der man vergessen hatte, daß die Bewegungen des Aufhängegestelles eines Pendels die Bewegung des letzteren durch Energieabfuhr sehr stark abdämpfen (Reibung). Erst die Erzielung stark abweichender Resultate bei Verwendung eines leichten Aufhängegerüstes wies auf diese Tatsache zurück.

Vergl. Furtwängler, Die Mechanik der einfachsten physikalischen Apparate und Versuchsanordnungen. Encyklopädie der math. Wissenschaften IV 1. II. (Pendel).

Aufstreuen von feinem Sande, ähnlich wie bei der Erzeugung von Chaldins Klangfiguren, zeigen kann. Überhaupt erscheint es nicht unmöglich, die Fortpflanzung der Schwingungen in Maschinenräumen im Kleinen an Modellen zu studieren, bei denen periodische Kräfte auf beliebig belastete Platten wirken. Die periodischen Kräfte können durch Elektromagnete erzeugt werden (elektrisch erregte Stimmgabel). Die Sichtbarmachung der Knotenlinien kann dann wie oben durch feinen Sand erfolgen, oder die Platte wird mit Kalkmilch leicht betüncht und fein mit Sand bestreut. An den Stellen, die in Ruhe verharren, zeigen sich alsdann Risse in der Sandfläche, und an den schwingenden Stellen bricht sie teilweise weg. Auf ähnliche Weise könnte man die Schwingungen eines kleinen Modellhauses untersuchen. Die Schwingungszahlen an einzelnen Stellen lassen sich durch elektrische Kontakte bestimmen, die im Außenraume festliegen und im Ruhezustande des Häuschens dasselbe nicht berühren. Das Häuschen wird an eine Klemme der gemeinsamen Stromquelle gelegt. Die Kontakte werden am einfachsten mit Frahm'schen Resonanz-Frequenzmessern verbunden, und es wird so sofort die Frequenz der Schwingungen an gegebenen Punkten angegeben.

Endlich wäre ein Vergleich der durch verschieden verlaufende Erregerkräfte erzeugten Knotenlinienbilder, der entsprechenden Schwingungsarbeiten usw. gewiß von hohem praktischen Interesse.

Untersuchung über den Einfluß einer Axialbelastung auf den Gleitmodul bei Drehung.

Einleitung.

Nach Gibson [1]) vergrößert eine Längs-Druckkraft den Verdrehungswinkel einer durch Drehmomente in Spannung gehaltenen Welle. Der Zuwachs für massive Wellen soll etwa 1—1½ pCt., für hohle etwa 3—4 pCt. betragen [2]).

---

[1]) Torque of Propeller-Shafting, some Investigations and Results. Inst. Nav. Arch., London 1907.

[2]) Ibid. p. 3.

Andere Untersuchungen.

Wie sich nach Abschluß der vorliegenden Untersuchung ergab, haben Warburg[3]), Wiedemann[4]) u. A. in den siebziger Jahren aus rein physikalischem Interesse bei Untersuchung der Molekularstruktur der Metalle ihr Augenmerk auf den Einfluß einer Längsspannung auf die Größe der Verdrehung an b l e i b e n d verwundenen Drähten gerichtet. Warburg hat zur Klärung der Aufgabe seinen Versuchen eine Untersuchung an v o r ü b e r g e h e n d verwundenen Drähten vorausgeschickt, bei der Stahl-, Eisen- und Kupferdrähte im ausgeglühten Zustand von 0,3 und 0,5 mm Durchmesser und 0,520 m Länge untersucht wurden. Innerhalb der Versuchsgrenzen zeigte die Längskraft keine Wirkung auf den Gleitmodul.

Den Widerspruch zwischen Gibson und Warburg aufzuklären und wegen der praktischen Bedeutung der Frage für die Eichung von Propellerwellen zwecks Kraftmessung mittels Torsions-Indikatoren, bei der ein etwaiger Einfluß des Propellerschubes unberücksichtigt bleibt und angesichts seiner von Gibson angegebenen Größe für genannte Messung von prinzipieller Bedeutung ist, habe ich die vorliegende Untersuchung ausgeführt. Zudem steht die Gibsonsche Beobachtung, die Gibson allerdings mit allem Vorbehalt mitteilt, in Widerspruch mit der Erfahrung und der mathematischen Elastizitätstheorie, so daß eine Nachprüfung auch in deren Interesse geboten scheint.

Das untersuchte Material bestand im vorliegenden Falle aus gehärtetem, blankem Stahldraht. Der Länge der Drähte war räumlich eine Grenze gesteckt; auch der Wahl des Durchmessers insofern, als die Elastizität der Drähte so gewählt werden mußte, daß bei der verwendeten Untersuchungsmethode eine Zählung der Schwingungen mit dem bloßen Auge noch möglich war.

Grundlage für die Versuche und deren Zweck.

Bekanntlich wird die tangentiale Schubspannung τ im Abstand r vom Mittelpunkt eines kreisförmigen Querschnittes ausgedrückt durch die Beziehung

$$\tau = \frac{M_d \cdot r}{I_p},$$

worin M_d = das Drehmoment, $I_p = \frac{\pi d^4}{32}$ = das polare Trägheitsmoment für den Querschnitt vom Durchmesser d bedeuten.

---

[3]) Ann. d. Phys. u. Chem. (neue Folge) 1880. Bd. X, S. 13f.

[4]) Ibid. 1879. Bd. VI, S. 485f.

Setzt man noch $\tau = \gamma . G,$
wobei $\gamma =$ die Schiebung die zwei um die Längeneinheit voneinander abstehende parallele Flächenteilchen unter dem Einfluß der Schubspannung τ erfahren, $G =$ den Gleitmodul für das Material des Querschnittes darstellen, so ergibt sich der Verdrehungswinkel ϑ für die Länge 1 unter Einwirkung von M_d aus

$$\gamma \cdot G = \frac{M_d \cdot r}{I_p}$$

$$\frac{\gamma}{r} = \vartheta = \frac{M_d}{G\, I_p}.$$

Beträgt die gegenseitige Entfernung zweier Querschnitte L, so ist der zugehörige Verdrehungswinkel Θ gegeben durch die Formel

$$\Theta = \vartheta \cdot L = \frac{M_d \; L}{G \cdot I_p}.$$

Setzt man für I_p seinen Wert $\frac{\pi d^4}{32}$ ein, so ist

$$\Theta = \frac{32}{\pi} \cdot \frac{M_d \cdot L}{G \cdot d^4}.$$

Wird nun das Drehmoment konstant gehalten, so ist

$$\Theta = C \frac{L}{G d^4},$$

wobei $C = \frac{32\, M_d}{\pi}$. Bei gleichzeitiger Wirkung einer Längskraft sind L und d von letzterer abhängig. Kann daher die von Gibson beobachtete Änderung von Θ nicht als Folge der Einwirkung der Axialkraft auf L und d angesprochen werden, so ist sie lediglich auf eine Änderung des Gleitmoduls G zurückzuführen. Diese Verhältnisse zu klären, habe ich mir zur Aufgabe gestellt.

Die Versuche.

Überlegungen, die zur Wahl der Versuchs-Anordnung führten.

Als leitender Gesichtspunkt bei der Wahl der Versuchsanordnung diente die Vermeidung jeglicher Reibung bei gleichzeitiger Einfachheit und genügender Genauigkeit der Meßvorrichtung.

Als für die Versuche geeignet erschien an erster Stelle die Bestimmung des Gleitmodules bei verschiedenen Axial-Belastungen durch Beobachtung der Schwingungsdauer von Torsions-Schwingungen.

Vorversuche.

Zunächst wurde auf die Änderung der Abmessungen durch die Belastung keine Rücksicht genommen. Naheliegend war es, die Untersuchung an einem wagerechten Draht vorzunehmen, um möglichst große Längen benutzen zu können. Der verwandte Draht hatte 1 mm Durchmesser und 11 m freie Länge (vergl. Fig. 50).

Ein am Ende des Drahtes befestigtes geeichtes Zugdynamometer zeigte die Drahtbelastung an. Das andere Ende wurde, wie aus der Abb. 50 ersichtlich, über eine Rolle geleitet und belastet. In der Mitte erhielt derselbe eine symmetrische Schwungmasse, deren polares Trägheitsmoment aus den Abmessungen und Wägungen der einzelnen Teile angenähert zu 0,61 cm kg sek² bestimmt wurde.

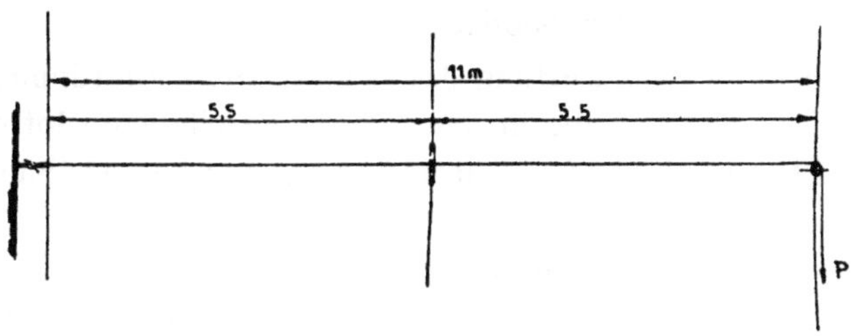

Fig. 50.

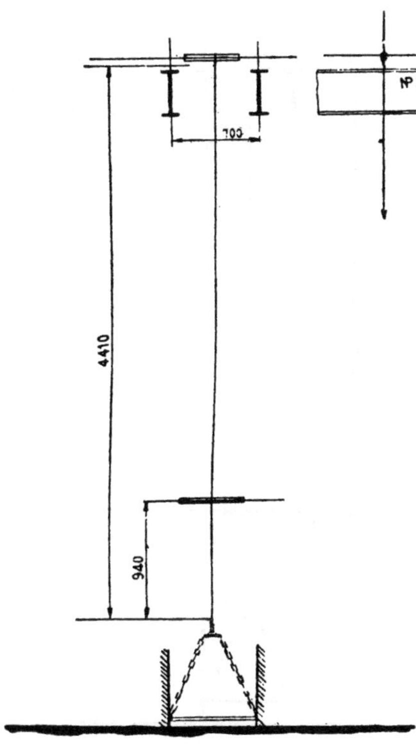

Fig. 51.

Hierbei zeigte sich infolge der Reibung in der Lagerung der Leitrolle (Fig. 50) keine Übereinstimmung zwischen der Dynamometer-Anzeige und der Belastung. Der Draht wies zudem trotz seiner Anspannung eine beträchtliche Durchbiegung auf, für welche die große Länge des Drahtes und das Gewicht der Schwungmasse verantwortlich zu machen sind.

Aus diesen Gründen war eine reine Zug- und Drehungsbeanspruchung des Drahtes ausgeschlossen. Ferner zeigten die nach der auf S. 114 entwickelten Formel berechneten Schwingungszeiten keine Übereinstimmung mit den beobachteten.

Dies führte zur Verwerfung der wagerechten Anordnung (Fig. 50) und deren Ersatz durch die in der Abb. 51 verbildlichte lotrechte Anordnung. Es entfiel so die Durchbiegung und die Reibung in der Leitrolle.

Bei der neuen Versuchseinrichtung war, wie Abb. 51 zeigt, das obere Ende eines Drahtes von 1 mm Durchmesser und 4,41 m Länge um die Laufwelle des Laufkranes im Maschinen-Laboratorium

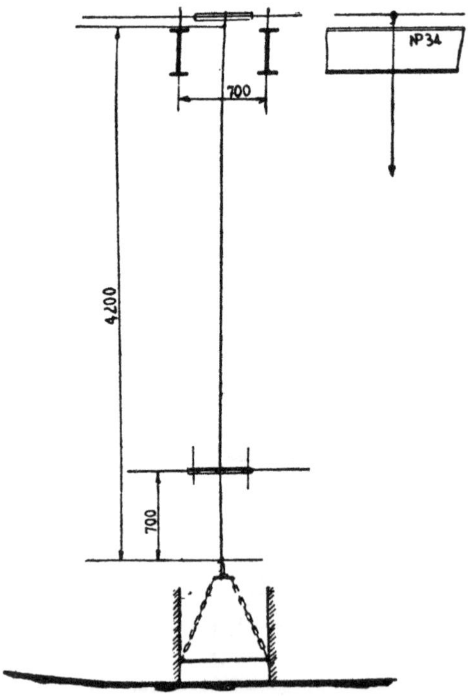

Fig. 52.

gelegt und dort befestigt. An dem unteren Ende hing eine Wageschale, so daß der Draht axial belastet werden konnte. Die Schwungmasse hatte 94 cm Abstand vom Geschirr (vergl. Fig. 51).

Es hätte nahe gelegen, die Gewichtsschale selbst als Schwungmasse zu verwenden, aber da sich mit jeder Belastung deren polares Trägheitsmoment änderte, schien dieses Verfahren im vorliegenden Falle nicht geeignet. Versuche an dieser und einer ganz ähnlichen Anordnung (Fig. 52), bei der ein Draht von 4,20 m Länge und 2 mm Durchmesser zur Verwendung gelangte, zeigten eine annehmbare Übereinstimmung zwischen der nach Seite 114 berechneten Schwingungszeit und der beobachteten. Da diese Verfahren jedoch nur eine rohe Schätzung der freien Länge des Drahtes zuließen, ferner eine Messung der Verlängerung des Drahtes unter Einwirkung der Belastung nicht einwandfrei gestatteten und zudem noch einige Unsicherheit betreffs der erfolgreichen Feststellung der Gewichtsschale bestand, wurde zu der in Fig. 53 gezeigten Anordnung übergegangen, bei der die oben gerügten Mängel beseitigt waren.

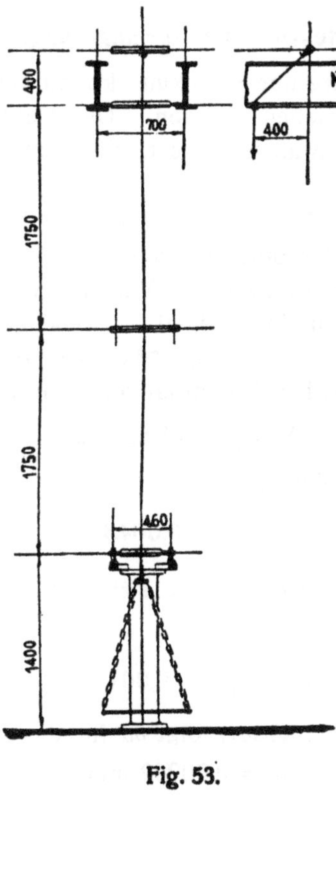

Fig. 53.

Der Draht ist wieder um die Laufwelle des genannten Krans gelegt, dann aber, wie aus der Abbildung ersichtlich, schräg über ein Klemmstück geleitet. Letzteres konnte mittelst Schraubzwingen an den unteren Flanschen der beiden *I*-Träger des Kranes befestigt werden und gestattete eine Festklemmung des Drahtes. Am unteren Ende desselben hing wie vorher eine Wagschale. In geeigneter Höhe über dieser hatte ich an dem Draht ein Querstück festgeklemmt, das die untere Einspannstelle und die Führung abgab. Letztere wurde bewerkstelligt durch Bohrungen an den Enden des Querstückes, die auf Dorne geschoben und von einem auf Montageschienen befestigten Konsol getragen wurden. Die einzelnen Abmessungen sind in der Fig. 53 verzeichnet. Um ein Rutschen des Drahtes in der oberen Einspannstelle zu vermeiden, wird dieselbe gelockert, der Draht durch Belastung über das Querhaupt straff gezogen und dann fest eingespannt. Die Schwungmasse konnte alsdann in der Mitte des Drahtes befestigt werden. Zur Anwendung gelangte ein Draht von 2 mm Durchmesser und 3,5 m Länge zwischen den Einspannstellen.

Messung der Verlängerung.

Zwecks Bestimmung der Streckung konnte das untere Querstück mit einem Zeiger versehen werden. Die Bewegung des Zeigers stellte ich an einem Maßstabe fest, der von einem Konsol getragen war.

Eine Verminderung des Drahtdurchmessers konnte mit Hilfe eines auf 0,01 mm lesenden Mikrometers nicht festgestellt werden.

Rechnerisch bestimmt sich die Verminderung des Drahtdurchmessers δd wie folgt: mit einem Elastizitätsmodul $E = 2\,200\,000$ kg/cm² und einer Zugspannung $\sigma = 9550$ kg/cm² (300 kg Belastung) erhält man eine Verlängerung λ des $l = 350$ cm langen Drahtes von

$$\lambda = \frac{\sigma}{E}\, l = 1{,}52 \text{ cm}.$$

Daraus folgt die Dehnung zu

$$\frac{\gamma}{l} = \varepsilon = 0{,}00435$$

und mit $\frac{\varepsilon}{\varepsilon q} = \frac{10}{3}$ (nach Bach) ergibt sich die Querzusammenziehung $\varepsilon q = \frac{\delta d}{d}$ zu

$$\varepsilon q = \frac{3}{10}\, \varepsilon = 0{,}00131.$$

Da $d = 2$ mm Durchmesser, folgt δd für die 300 kg Belastung zu

$$\delta d = 0{,}00262 \text{ mm}.$$

Da die Drahtverlängerung gegenüber dem Fußboden des Laboratoriums gemessen wurde, mußte eine etwaige, durch Belastung hervorgerufene Bewegung der Aufhängung gegen den Fußboden kontrolliert werden. Zu diesem Zwecke wurden von dem Querhaupt und den Kranträgern Lote herabgelassen und deren Bewegung gegen den Fußboden mittelst dort befestigter Maßstäbe bestimmt. Um eine seitliche Ausbiegung der Kranwelle und des Querhauptes zu untersuchen, verband ich beide durch einen Faden, von dessen Mitte ein Lot herabhing. Die Bewegung des Lotes gegen den Fußboden, die wie die anderen Bewegungen gemessen werden konnte, gab dann eine Anzeige für eine erfolgte Bewegung des Querhauptes und der Laufwelle.

Große Schwierigkeiten bereitete die Beschaffung einer sicheren, reibungsfreien Ablesungsmöglichkeit für die Lote.

Diese Aufgabe habe ich nach verschiedenen vergeblichen Versuchen mit anderen Anordnungen durch Parallel-Lote gelöst, die bei geringem gegenseitigen Abstand einen feinen Querfaden trugen, der, ohne den Maßstab zu berühren, eine sichere und bequeme Ablesung ermöglichte. Da die Laufkatze sich nahe an einem Ende des Kranträgers befand, konnte für diese keine merkliche Bewegung selbst bei der höchsten Belastung von 300 kg ermittelt werden. Ebenso zeigten Laufwelle und Querhaupt keine merkliche Bewegung. Die lotrechte Bewegung des Querhauptes blieb unter 1 mm und ist bei der Bestimmung der Drahtverlängerungen berücksichtigt.

Ergebnisse der Versuche.

Belastung ↓ in kg ↑	Verlängerung in cm	Wirkliche Drahtlänge in cm	Zeit für 50 halbe Schwingungen bei Belastung					nach Entlastung	Mittler Schwingun in Sek. für Schwing
27,5	—	350	1'38,2"	1'38,5"	1'36,9"	1'38,6"	1'37,7"	1'37,76"	3,91
100	0,48	350,48	1'38,6"	1'38 0"	1'38,0"	1'38,4"	1'38,8"	1'38,—"	3,925
200	1,14	351,14	1'38,0"	1'38,2"	1'38,0"	1'38,6"	1'38,2"	1'38,6"	3,91
300	1,90	351,90	1'38,5"	1'38,5"	1'37,6"	1'38,4"	1'38,7"	—	3,924

Ermittlung des Gleitmodules G aus Beobachtung der Schwingungszeiten.

Gleichung für die Frequenz der Schwingungen.

Nach dem Satze von der Erhaltung der Energie gilt für die freie Torsionsschwingung, um die es sich bei der Versuchsanordnung handelt:

Kinetische Energie der Schwungmasse + Formänderungsarbeit des Drahtes = Const.

Bezeichnet Θ den Ausschlagwinkel der Schwungmasse zur Zeit t (oder den Verdrehungswinkel des Drahtes infolge der Schwingung) und I das polare Trägheitsmoment der Schwungmasse, während M_d, L, G und I_p und ihre frühere Bedeutung (S. 107) beibehalten, so ist die kinetische Energie der Schwungmasse zur Zeit t bekanntlich

$$\frac{1}{2} I \left(\frac{d\Theta}{dt}\right)^2;$$

die Formänderungsarbeit bei der Verdrehung

$$\frac{1}{2} \frac{M_d^2 L}{G I_p}$$

oder da nach früherem $M_d = \Theta \dfrac{G I_p}{L}$

$$\frac{1}{2} \Theta^2 \frac{G I_p}{L}.$$

Wie vorausgeschickt, bleibt die Summe der Energien konstant, daher

$$\frac{1}{2} I \left(\frac{d\Theta}{dt}\right)^2 + \frac{1}{2} \Theta^2 \frac{G I_p}{L} = \text{Const.}$$

Die erste Ableitung dieses Ausdruckes gibt nach Division mit I die Bewegungsgleichung

$$\frac{d_2\Theta}{dt^2} + \frac{G I_p}{L I} \Theta = 0,$$

woraus sofort die Frequenz $\frac{1}{T}$ der Doppelschwingung folgt;

$$\frac{1}{T} = \frac{1}{2\pi} \sqrt{\frac{I_p}{I} \cdot \frac{G}{L}}.$$

Befindet sich die Schwungmasse an einer Stelle, die um die Entfernungen l_1, l_2 von den Einspannstellen angebracht ist, so ist in obigem Ausdruck $\frac{1}{L}$ durch $\left(\frac{1}{l_1} + \frac{1}{l_2}\right)$ zu ersetzen. Bei den späteren Versuchen war $l_1 = l_2 = l$; daher ist für diese $\frac{1}{L} = \frac{2}{l}$ zu schreiben. Die Gleichung für die Frequenz wird damit

$$\frac{1}{T} = \frac{1}{2\pi} \sqrt{\frac{I_p}{I} \cdot \frac{2G}{l}},$$

woraus sich der gesuchte Wert von G zu

$$G = 2\pi^2 \cdot \frac{I}{I_p} \cdot \frac{l}{T^2}$$

ermittelt.

Hierin berechnet sich I_p $\frac{\pi d^4}{32}$ aus dem Drahtdurchmesser d.

Die jeweiligen Längen l und die entsprechenden Schwingungsdauern T wurden beobachtet.

Das polare Trägheitsmoment I der Schwungmasse war, wie bereits angegeben (S. 110) zu 0,61 im kg sek² angenähert berechnet worden.

Eine experimentelle Nachprüfung dieses Wertes zeigte sich jedoch wünschenswert. Durch bifilare Aufhängung und Schwingungsbeobachtungen an der Masse wurde der Wert 0,67 cm kg sek² ermittelt (Einzelwerte siehe S. 117).

Fig. 54.

Experimentelle Ermittlung von *I* durch bifilare Aufhängung.

Zu dieser Ermittlung gelangte die einfachste Form der bifilaren Aufhängung zur Anwendung; d. h. die Fäden erhielten gleiche Längen und gleichen gegenseitigen Abstand oben und unten. Als Aufhängegerüst diente eine standfeste Klappleiter, wie nebenstehendes Bild (Fig. 54) zeigt. Oben ist eine Holzleiste eingeklemmt, welche zwei Drahtstifte im wagerechten Abstande von 15 cm trägt; über diese leitete ich den Aufhängungsfaden. Die Fäden hatten eine freie Länge von 1,65 m.

Um die Standfestigkeit der Leiter zu prüfen und besonders um Gewißheit darüber zu erlangen, ob keine Energieabfuhr durch die Aufhängung während der Schwingung erfolgte, wurde ein steifer Draht mit dem Gerüst verbunden, der ein kleines, verschiebbares Gewicht (Drahtklemme) trug. Während die Schwungmasse ihre Bewegung ausführte, schob ich das Gewicht nach und nach an verschiedene Stellen des Drahtes, es geriet jedoch in keiner Stellung in Schwingung. Ein deutlicher Beweis für die Vibrationsfreiheit des Gerüstes. Als weitere Kontrolle setzte ich noch ein mit Wasser gefülltes Glas auf das Gerüst. Die Wasseroberfläche blieb auch bei schwingender Masse vollständig ruhig.

Bestimmung der Schwingungsdauer.

Wird der lotrechte Abstand der parallelen Fäden mit $2\,r_1$ (vergl. Fig. 55), deren Länge mit R bezeichnet, so ist die Höhe Δh, auf welche

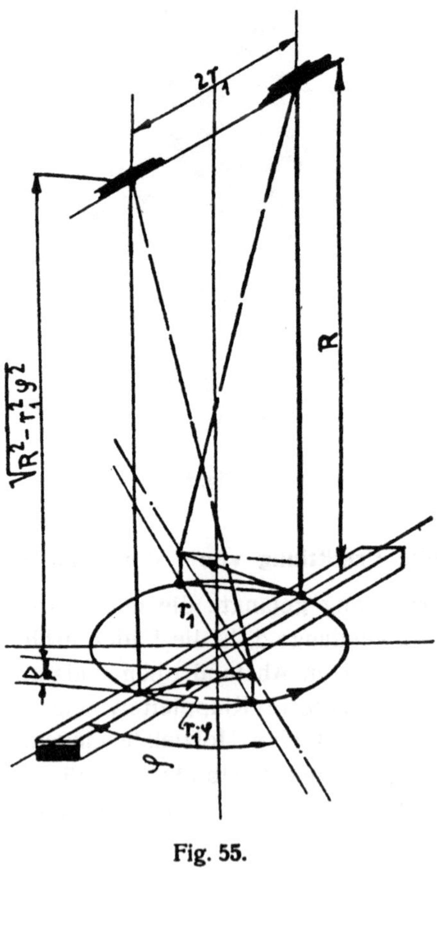

Fig. 55.

die Schwungmasse nach der Zeit t, bei einer geringen Auslenkung φ aus ihrer Gleichgewichtslage, gehoben worden ist, ausgedrückt durch

$$\Delta h = R - \sqrt{R^2 - r_1^2 \varphi^2}$$

Da φ klein vorausgesetzt wird, machen wir von der Annäherung $\sqrt{a^2 + b} = a + \frac{b}{2a}$ Gebrauch, und erhalten somit

$$\Delta h = \frac{1}{2} \frac{r_1^2}{R} \varphi^2$$

Bezeichnet $\mathfrak{G}$ das Gewicht der Schwungmasse, so ist die Energie der Lage zur Zeit t

$$\mathfrak{G} \Delta h = \frac{1}{2} \mathfrak{G} \frac{r_1^2}{R} \varphi^2$$

Die Bewegungs-Energie beträgt

$$\frac{1}{2} I \left(\frac{d\varphi}{dt}\right)^2$$

Nach dem Satze von der Erhaltung der Energie ist daher

$$\frac{1}{2} I \left(\frac{d\varphi}{dt}\right)^2 + \frac{1}{2} \mathfrak{G} \frac{r_1^2}{R} \varphi^2 = \text{const.}$$

Die erste Ableitung gibt nach Division mit I die Bewegungsgleichung

$$\frac{d_2 \varphi}{dt^2} + \frac{\mathfrak{G}}{I} \cdot \frac{r_1^2}{R} \varphi = 0$$

deren Lösung die Schwingungsdauer

$$t = 2\pi \sqrt{\frac{I}{\mathfrak{G}} \cdot \frac{R}{r_1^2}}$$

ergibt; woraus

$$I = \frac{t^2}{4\pi^2} \cdot \mathfrak{G} \frac{r_1^2}{R}$$

folgt.

Beobachtete Schwingungszeiten t.

Anzahl der halben Schwingungen p. Min.	
15,5 16 16 16 16	Im Mittel 15,9.

Daher die Zeit für eine volle Schwingung

$$t = \frac{60 \cdot 2}{15{,}9} = 7{,}5 \text{ Sek.}$$

r_1 und R betrugen, wie bereits angegeben, 15 cm resp. 1,65 m; $\mathfrak{G}$ wurde durch Wägung zu 1,377 kg bestimmt.

Durch Einsetzen dieser Werte ergibt sich der oben angegebene Wert von 0,67 cm kg sek² für I.

Werte für G bei verschiedenen Belastungen.

Die mit Hilfe der Formel

$$G \quad 2\pi^2 \cdot \frac{I}{I_p} \cdot \frac{l}{T^2}$$

(S. 114) aus den auf S. 113 angegebenen Werten für T und l berechneten Werte für G bei verschiedenen Belastungen, sind unten wiedergegeben (Fig. 56).

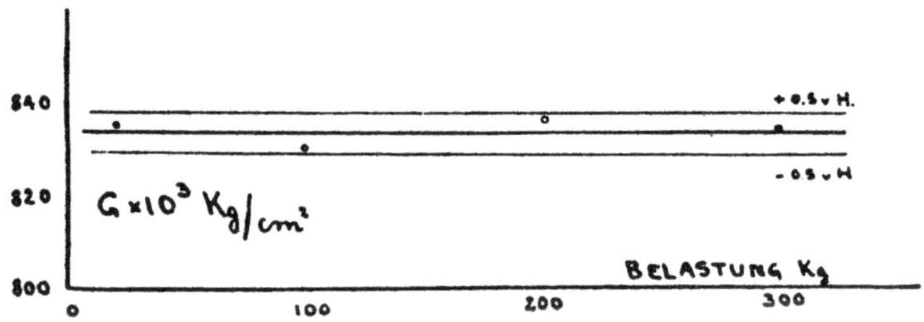

Fig. 56.

Belastung in kg	G in kg/cm²
27,5	835 000
100,—	830 000
200,—	836 000
300,—	834 000

Hiernach weicht der Wert von G für die Belastung durch 27,5 kg von dem für die Belastung 300 kg um 0,0012 v. H. oder 1,2 p. M. ab.

Hauptversuche.

Die Hauptversuche nahm ich an einem Draht von 2 mm Durchmesser und einer freien Länge von 3,65 m vor, der an einem zweiten Laufkran des Maschinen-Laboratoriums aufgehängt war. Da dieser nur aus einem Doppel-T-Träger bestand, mußte dem bei den Versuchen benutzten Klemmstück die in der Fig 57 gezeigte Form gegeben werden. Die Befestigung erfolgte mittels zweier Schraubzwingen am unteren Flansch des Trägers. Die Einspannung des

Drahtes sowie die weiteren Anordnungen und Ermittelungen waren im wesentlichen dieselben, wie bereits für die Vorversuche beschrieben.

Nur bei der Bestimmung der Schwingungsdauern ist ein Unter-

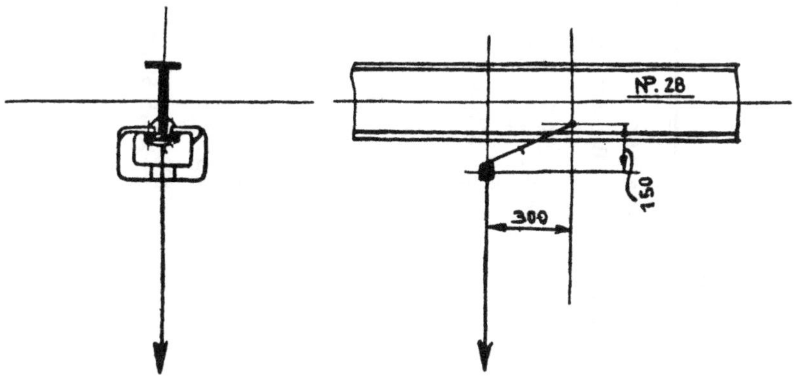

Fig. 57.

schied hervorzuheben insofern, als dieselben noch mittels Zählers kontrolliert und nach der Methode der Bestimmung der Umkehrzeiten ermittelt wurden [6]). Die benutzte Schwungmasse (dieselbe wie

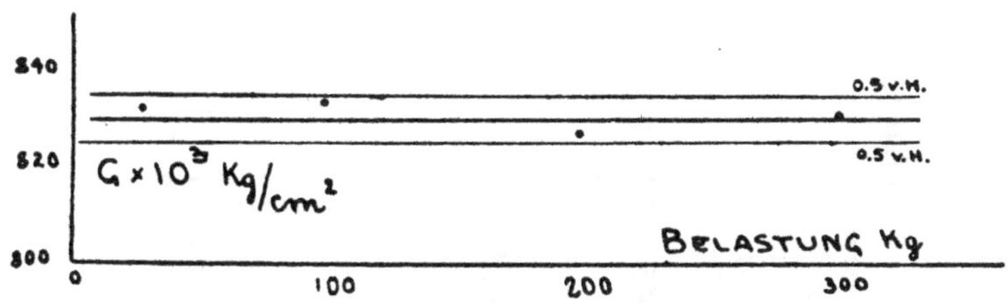

Fig 58.

bei den Versuchen mit geringer Änderung in der Anordnung der Massen) hatte bei $r_1 = 15$ cm, $R = 1{,}762$ m, $\mathfrak{G} = 1{,}377$ kg; ein I von 0,58 cm kg sek².

---

[6]) Vergl. Niethammer, Elektrotechnisches Praktikum. Stuttgart 1902. S. 47. Kohlrausch, Leitfaden der praktischen Physik.

Beobachtung der Schwingungszeit *t* für die Schwungmasse.

Zeit für 50 halbe Schwingungen	Hieraus *t*
3'1,8'' 3'1,5'' 3'0,5'' 3'0,2'' 3'0,7''	zu **7,24** Sek.

Ergebnisse der Hauptversuche (vergl. Abb. 58)

Belastung ↓ in kg ↑	Verlängerung in cm	Wirkliche Drahtlänge in cm	Beobachtung der Schwingungszeiten		Umkehr-Beobachtung	Zähler Beobachtung	G in kg/cm
27,5	—	365	1 Dp-Schw. 4''	4''	Lange Beob. 3'16,4''	$578700 \frac{300,5}{75} = \mathbf{4,01''}$	830000
			3 „ 12''		$\frac{196,4}{4} = 49,3 \quad \frac{196,4}{49} = \mathbf{4,01''}$	$\frac{-550}{150} \times \frac{1}{2}$ S. 5'0,5''	
			5 „ 20''				
100	0,50	365,50	1 „ 4''	4,06''	Lange Beob. 3'16,4''	$-8902 \frac{304,5}{76} = \mathbf{4''}$	831000
			3 „ 12,2''		$\frac{196,4}{4,06} = 48,5 \quad \frac{196,4}{49} = \mathbf{4,01''}$	$\frac{-8750}{152} \times \frac{1}{2}$ S. 5'4,5''	
			5 „ 20,6''				
200	1,16	366,16	1 „ 4''	4,03''	Lange Beob. 3'49,4''	$-9142 \frac{305,3}{76} = \mathbf{4,01''}$	825000
			3 „ 12,2''		$\frac{229,4}{4,03} = 57 \quad \frac{229,4}{57} = \mathbf{4,02''}$	$\frac{-8990}{152} \times \frac{1}{2}$ S. 5'5,3''	
			5 „ 20,1''				
300	1,86	366,86	1 „ 4,1''	4,05''	Lange Beob. 3'25,2''	$-9834 \frac{311,2}{77} = \mathbf{4,05''}$	829000
			3 „ 12,6''		$\frac{205,2}{4,05} = 50,9 \quad \frac{205,2}{51} = \mathbf{4,03''}$	$\frac{-9680}{154} \times \frac{1}{2}$ S. 5'11,2''	
			5 „ 19,3''				

Vor- und Hauptversuche v e r n e i n e n also innerhalb der Fehlergrenzen der Untersuchung den Einfluß der Axialbelastung.

Genauigkeitsgrad der Bestimmung von G.

Aus der Gleichung für den Gleitmodul G (S. 114) ermittelt sich der Fehler von G durch Differenzieren zu

$$+\frac{\delta G}{G}=\left\{\frac{\delta l}{l}+\frac{\delta l}{l}\right\}-\left\{\frac{\delta I_p}{I_p}+2\frac{\delta T}{T}\right\}$$

$$\frac{\delta I_p}{I_p} \cdot 4\frac{\delta d}{d}$$

Ebenso ergibt der Ausdruck für I (S. 5)

$$\pm\frac{\delta I}{I}=\left\{\frac{\delta\mathfrak{G}}{\mathfrak{G}}+2\frac{\delta t}{t}+2\frac{\delta r_1}{r_1}\right\}-\frac{\delta R}{R}$$

Werden bei Beobachtung der Schwingungsdauern T und t, N bezw. n Schwingungen in Z bezw. z Sekunden gezählt, so ist $T=\frac{Z}{N}$ und $t=\frac{z}{n}$

daher für $\frac{\delta T}{T}$, $\left(\frac{\delta Z}{Z}-\frac{\delta N}{N}\right)$

und für $\frac{\delta t}{t}$, $\left(\frac{\delta z}{z}-\frac{\delta n}{n}\right)$

zu setzen.

Der Fehler im Gleitmodul wird somit

$$+\frac{\delta G}{G}=\left\{\frac{\delta\mathfrak{G}}{\mathfrak{G}}+2\left(\frac{\delta z}{z}-\frac{\delta n}{n}\right)+2\frac{\delta r_1}{r_1}\right\}-\frac{\delta R}{R}+\frac{\delta l}{l}-\left\{4\frac{\delta d}{d}+2\left(\frac{\delta Z}{Z}-\frac{\delta N}{N}\right)\right\}$$

Hierin addiert sich zu $\frac{\delta l}{l}$ der Fehler, der später bei der Messung der Verlängerung vorkommt. Der letztere sei mit $\frac{\delta\lambda}{l}$ bezeichnet.

Die Fehlergleichung schreibt sich dann

$$\frac{\delta G}{G}=\underline{\frac{\delta\mathfrak{G}}{\mathfrak{G}}}+2\underline{\left\{\frac{\delta z}{z}-\frac{\delta n}{n}\right\}}+\underline{2\frac{\delta r_1}{r_1}}-\underline{\frac{\delta R}{R}}+\underline{\frac{\delta l}{l}}+\frac{\delta\lambda}{l}-\underline{4\frac{\delta d}{d}}\quad 2\left\{\frac{\delta Z}{Z}-\frac{\delta N}{N}\right\}$$

Ehe ich nun auf die Fehlerberechnung näher eingehe, ist es notwendig, die einzelnen Genauigkeitsgrade anzugeben. Zu der unten erfolgten Zusammenstellung dieser Werte ist noch zu erläutern, daß die Verlängerung λ an einem Millimeter-Maßstab auf 0,01 cm geschätzt wurde; dabei unterläuft leicht ein Fehler $\delta\lambda = 0{,}03$ cm.

Die Zeiten sind mittelst eines Taschenchronometers von 0,2 sek Teilung gemessen.

Zur Berechnung des Fehlers im Schwingungsbogen gehen wir wie folgt vor. Der Fehler in der Zeit beim An- und Abstellen ist zu $2 \times 0{,}2 = \Delta t = 0{,}4$ sek anzunehmen. Hiernach richtet sich der Fehler im Schwingungsbogen. Wir hätten also den Schwingungsbogen δN zu bestimmen, der $\Delta t = 0{,}4$ sek entspricht. Es ist dazu nötig die Kenntnis der Winkelgeschwindigkeit der Schwungmasse. Zu deren

Berechnung soll von der auf S. 114 angegebenen konstanten Energiesumme Gebrauch gemacht werden.

Beim Durchgang durch die Ruhelage, wo die Zeiten gemessen wurden, ist nämlich die gesamte kinetische Energie der Schwungmasse = der Formänderungsarbeit bei der vorausgegangenen Auslenkung Θ, oder nach S. 114

$$\frac{1}{2} I \left(\frac{d\Theta}{dt}\right)^2 = \frac{1}{2} \Theta^2 \frac{G I_p}{L}$$

und mit $\frac{1}{L} = \frac{2}{l}$ (S. 114)

$$\frac{d\Theta}{dt} = \Theta \sqrt{\frac{I_p}{I} \frac{2G}{l}}$$

Die Auslenkung Θ betrug $45^0 = \frac{\pi}{4}$. Die anderen Größen haben die folgenden Werte

$$I_p = 0{,}0001575 \text{ cm}^4 \text{ (S. 136)}$$
$$I = 0{,}58 \text{ cm kg sek}^2 \text{ (S. 119)}$$
$$G = 830000 \text{ kg/cm}^2 \text{ (S. 120)}$$
$$l = 182{,}5 \text{ cm}$$

somit
$$\frac{d\Theta}{dt} = \frac{\pi}{4} \cdot 1{,}57 = 1{,}24 \text{ Bogeneinheiten/sek}$$

daher
$$d\Theta = \frac{d\Theta}{dt} \cdot \Delta t = 1{,}24 \cdot 0{,}4$$
$$= 0{,}495 \text{ Bogeneinheiten.}$$

Der Fehler δN für eine halbe Schwingung folgt hieraus zu

$$\delta N = \frac{d\Theta}{\Theta} = \frac{0{,}495}{\pi/4} = 0{,}63 \text{ des Schwingungsbogens.}$$

Zwecks Bestimmung des Fehlers δn führen ähnliche Überlegungen mit Benutzung der auf S. 117 angegebenen Gleichung zu

$$\frac{1}{2} I \left(\frac{d\varphi}{dt}\right)^2 = \frac{1}{2} \mathfrak{G} \frac{r_1^2}{R} \varphi^2$$

oder
$$\frac{d\varphi}{dt} = r_1 \varphi \sqrt{\frac{\mathfrak{G}}{IR}}$$

mit
$$\varphi = 45^0 = \frac{\pi}{4}$$
$$r_1 = 15 \text{ cm (S. 119)}$$
$$G = 1{,}377 \text{ kg (S. 119)}$$
$$I \quad 0{,}58 \text{ cm kg sek}^2$$
$$R = 176{,}2 \text{ cm}$$

folgt
$$\frac{d\varphi}{dt} = 15 \cdot \frac{\pi}{4} \cdot 0{,}116$$
$$1{,}36 \text{ Bogeneinheiten/sek.}$$

also
$$d\varphi = \frac{d\varphi}{dt} \cdot \Delta t = 1{,}36 \cdot 0{,}4$$
$$= 0{,}544 \text{ Bogeneinheiten.}$$

Mithin ist der Fehler δn für eine halbe Schwingung

$$\delta n = \frac{\delta\varphi}{\varphi} = \frac{0{,}544}{\frac{\pi}{4}} = \mathbf{0{,}69} \text{ des Schwingungsbogens.}$$

Es möge nun die Zusammenstellung der Fehler folgen:

$\frac{\delta\mathfrak{G}}{\mathfrak{G}} = 0{,}00073$ $\quad \mathfrak{G} = 1{,}377$ kg; $\delta g = 0{,}001$ kg

$\frac{\delta z}{z} = 0{,}0011076$ $\quad z = 181{,}8$ sek; $\delta z = 0{,}2$ sek

$$\begin{cases} 181{,}5 & \text{"} \\ 180{,}5 & \text{"} \\ 180{,}2 & \text{"} \\ 180{,}7 & \text{"} \end{cases}$$

$\frac{\delta n}{n} = 0{,}0138$ $\quad n = 50$ halbe Schwing.; $\delta n = 0{,}69$ Schwingungsbogen

$\frac{\delta r_1}{r_1} = 0{,}000666$ $\quad r_1 = 15$ cm; $\delta r_1 = 0{,}01$ (Noniusablesung)

$\frac{\delta R}{R} = 0{,}0001135$ $\quad R = 176{,}2$ cm; $\delta R = 0{,}02$ cm (zweimalige Noniusablesung)

$\frac{\delta l}{l} = 0{,}0001097$ $\quad l = 27{,}5$ kg Bel.
182,5 cm; $\delta l = 0{,}02$ cm (zweimalige Noniusablesung)

$\frac{\delta\lambda}{l} = 0{,}0001641$ $\quad$ 100 kg Bel.
182,75 cm; $\delta\lambda = 0{,}03$ cm

$= 0{,}0001638$ $\quad$ 200 kg Bel.
183,08 cm;

$= 0{,}0001635$ $\quad$ 300 kg Bel.
183,43 cm;

$\frac{\delta d}{d} = 0{,}005$ $\quad d = 2$ mm; $\delta d = 0{,}01$ mm (Mikrometerablesung)

$\frac{\delta Z}{Z} = 0{,}000666$ $\quad Z = 27{,}5$ kg Bel.
300,5 sek; $\delta Z = 0{,}2$ sek

$= 0{,}00066$ $\quad$ 100 kg Bel.
304,5 sek;

$= 0{,}000656$ $\quad$ 200 kg Bel.
305,3 sek;

$= 0{,}000644$ $\quad$ 300 kg Bel.
311,2 sek;

$\frac{\delta N}{N} = 0{,}0042$ $\quad N = 27{,}5$ kg Bel.
150 halbe Schwing.; $\delta N = 0{,}63$ Schwingungsbogen

$= 0{,}00415$ $\quad$ 100 kg Bel.
152 halbe Schwingungen

$= 0{,}00415$ $\quad$ 200 kg Bel.
152 halbe Schwingungen

$= 0{,}0041$ $\quad$ 300 kg Bel.
154 halbe Schwingungen.

Wir haben nun zwei Gruppen von Fehlern zu unterscheiden:

1. die nur einmal begangen sind und daher ohne Einfluß auf die Bestimmung von G bleiben. Dahin gehört der Fehler bei der Bestimmung des Drahtdurchmessers und des Trägheitsmomentes, da diese Größen die Bedeutung von Konstanten für die Untersuchung von G angenommen haben;

2. solche, die bei jeder Bestimmung neu begangen werden. Dieses ist der Fehler bei der Messung der Verlängerung und bei der Beobachtung der Schwingungszeit. Die erstgenannten Fehler sind in der Fehlergleichung (S. 121) unterstrichen. Ihre Summe ist

$$\frac{\delta \mathfrak{G}}{\mathfrak{G}} = 0{,}00073$$

$$2\left\{\frac{\delta z}{z} - \frac{\delta n}{n}\right\} = 0{,}0253848 \; -$$

$$2\frac{\delta r_1}{r_1} = 0{,}001332$$

$$\frac{\delta R}{R} = 0{,}0001135 \; -$$

$$\frac{\delta l}{l} = 0{,}0001097$$

$$4\frac{\delta d}{d} = 0{,}020 \quad -$$

$$0{,}0433266 \; - \text{ oder } -4{,}333\,\%$$

Dieser Fehler ist nur von Bedeutung für die absolute Größe von G. Die bei jeder Messung neu begangenen Fehler betragen

27,5 kg Bel.

$$-2\left\{\frac{\delta Z}{Z} - \frac{\delta N}{N}\right\} = 0{,}007068 \quad \text{oder } 0{,}707\,\%$$

100 kg Bel.

$$-2\left\{\frac{\delta Z}{Z} - \frac{\delta N}{N}\right\} = 0{,}00698$$

$$\frac{\delta \lambda}{l} = 0{,}0001641$$

$$0{,}0071441 \quad \text{oder } 0{,}714\,\%$$

200 kg Bel.

$$-\left\{\frac{\delta Z}{Z} - \frac{\delta N}{N}\right\} = 0{,}006988$$

$$\frac{\delta \lambda}{l} = 0{,}0001638$$

$$0{,}0071518 \quad \text{oder } 0{,}715\,\%$$

300 kg Bel.

$$-\left\{\frac{\delta Z}{Z} - \frac{\delta N}{N}\right\} = 0{,}0069120$$

$$\frac{\delta \lambda}{l} = 0{,}0001635$$

$$0{,}0070755 \quad \text{oder } 0{,}708\,\%$$

Diese Fehler sind allein von Bedeutung für die Untersuchung von *G*. Die Abweichung vom Mittelwert ist die Hälfte derselben.

Temperatur-Einfluß.

In wie weit eine Temperaturänderung einen Einfluß auf die Messungen haben könnte, sei im folgenden ermittelt:

Unter Annahme eines Längsausdehnungs-Koeffizienten $\beta = 11 . 10^{-6}$ und einer Drahtlänge von 365 cm, ergibt sich eine Längung des Drahtes von 0,004 cm für 1° Temperaturdifferenz; da nur auf 0,01 cm gemessen wurde, hat die Größe keinen Einfluß auf die angegebenen Genauigkeiten; zudem konnte bei der kurzen Dauer der Einzelversuche keine Temperaturänderung festgestellt werden.

Kontrolluntersuchung der Winkeländerung mit Hilfe des Faden-Dreieckes.

Bei den im vorhergehenden mitgeteilten Versuchen wurde die Möglichkeit einer Änderung des Gleitmoduls *G* bezw. des Verdrehungswinkels Θ durch die Axialbelastung dynamisch geprüft. Im folgenden sollen Versuche beschrieben werden, die bei geringer Ergänzung der früheren Versuchsanordnung eine direkte statische Prüfung der Frage gestatten, und eine willkommene Kontrolle der früheren Versuche bieten.

Der Ausgestaltung der Anordnung lag der Gedanke zugrunde, die etwaige Änderung des Verdrehungswinkels durch eine Axialbelastung an einem Drahte direkt zu messen, der innerhalb der Elastizitätsgrenze durch ein Kräftepaar verwunden und axial belastet wurde. Dabei sollte der Reibungsfreiheit der früheren Anordnung keine Einbuße geschehen.

Bei der Ausführung zeigte sich die folgende Anordnung geeignet. Ein feiner Zwirnfaden wurde an dem einen Ende eines Hebels befestigt (vergl. Fig. 59 Mitte), von da zu einem unbeweglichen Punkt (Wand, Unterstützung) geleitet und dort befestigt. Bei Belastung des Fadens in irgend einem Punkte seiner Länge bildeten die beiden Befestigungspunkte und der Belastungspunkt die Eckpunkte eines Dreiecks. Die horizontale Komponente der im Faden wirkenden Kraft erzeugte das gewünschte Drehmoment. Eine beliebige Bewegung des Angriffspunktes hatte eine entsprechende Bewegung der Belastungsstelle zur Folge [8]).

---

[8]) Im Prinzip stimmt diese Anordnung mit der auf S. 113 zur Kontrolle der gegenseitigen Bewegung von Querhaupt und Laufwellebenutzten überein.

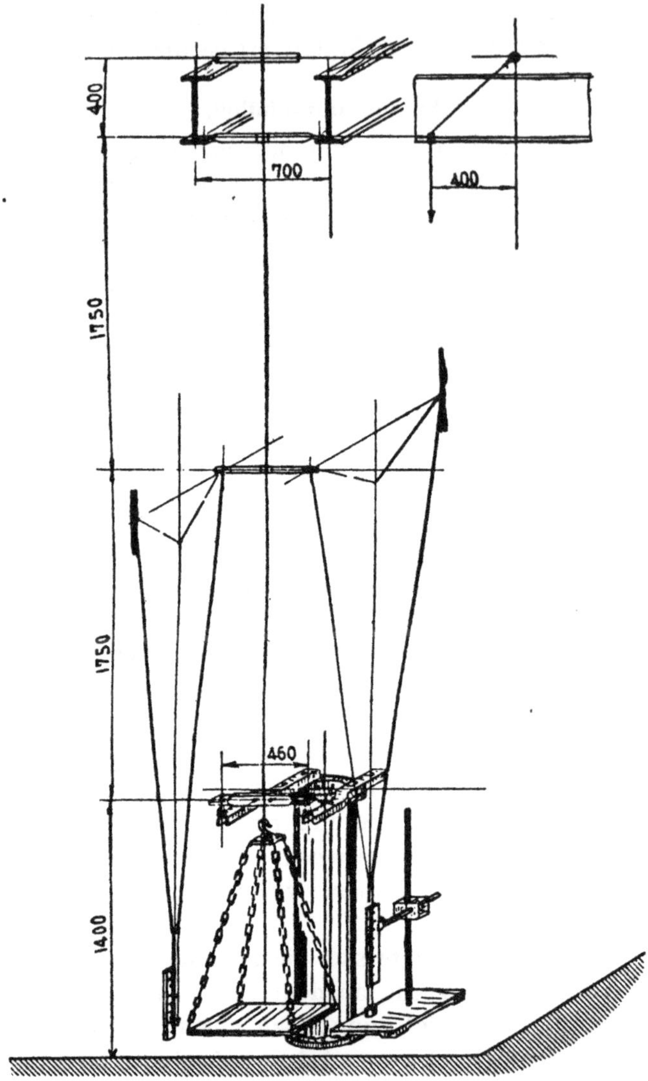

Fig. 59.

In Betracht kommen nur zwei, in einer Ebene liegende, rechtwinkelig zueinander stehende Bewegungen, nämlich:

1. eine lotrechte, infolge der Verlängerung des Drahtes und etwaigem Nachgeben der Aufhängung,

2. eine wagerechte, durch eine Änderung des Verdrehungswinkels bedingt.

Beide erzeugen eine lotrechte Verschiebung des Belastungspunktes. Zur reibungsfreien und sicheren Messung dieser Verschiebung zeigte sich die bereits früher erwähnte Anbringung der Parallellote mit Querdraht und Maßstab (S. 113) im Laufe der Versuche vorzüglich geeignet; dieselbe machte überhaupt eine einwandfreie Messung erst möglich. Bei den Versuchen wurde der Hebel so eingestellt, daß dessen Arm mit dem unbelasteten Faden einen Winkel von etwa 45°, dem gewünschten Verbindungswinkel, bildete. Hierauf erhielt das Lotende Lasten, bis Faden und Schwingmasse einen rechten Winkel bildeten. In diesem Falle hatte eine geringe Änderung der Verwindung keinen nennenswerten Einfluß auf die Größe des Drehmomentes. Bei direkter Beobachtung der lotrechten Bewegung des Hebels und der Verschiebung des Parallellotes am Faden-

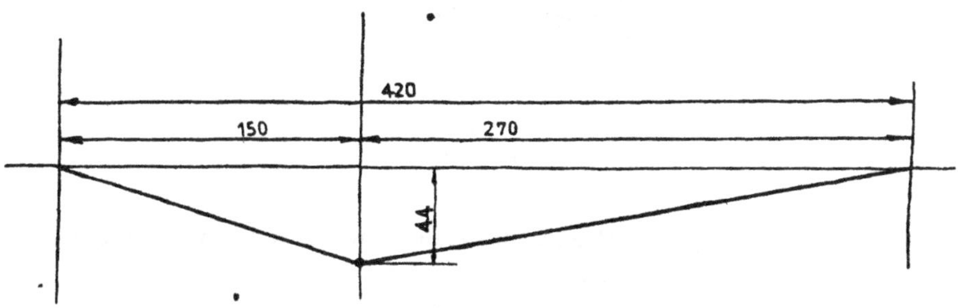

Fig. 60.

dreieck und Bestimmung der Übersetzungen des letzteren konnte auf die Größe einer Änderung des Verdrehungswinkels geschlossen werden.

Vorversuche.

Zuerst wandte ich das oben beschriebene Verfahren bei der letzten Vorversuchs-Anordnung (Fig. 53) an. Die Abmessungen des Fadendreiecks sind der Fig. 60 zu entnehmen.

Bei einem Versuch wurden folgende Werte beobachtet:

Belastung V in kg Λ	Bewegung Mitte cm	Lotverschiebung des Faden – Δ's nach unten cm
100	0,23	0,13
150	0,38	0,24
200	0,53	0,34
250	0,66	0,42
300	0,85	0,54

Verwindung 45°

Zur Auswertung bedarf es einer Kenntnis der Übersetzung des Fadendreiecks.

Berechnung der Übersetzung des Fadendreiecks.

1. Lotrechte Bewegung "s" des Angriffspunktes.

Da es sich um Anfangsbewegungen handelt, genügt es, die Übersetzung nach kinematischen Methoden zu ermitteln, zudem sind die Ergebnisse direkter und übersichtlicher als bei der trigonometrischen

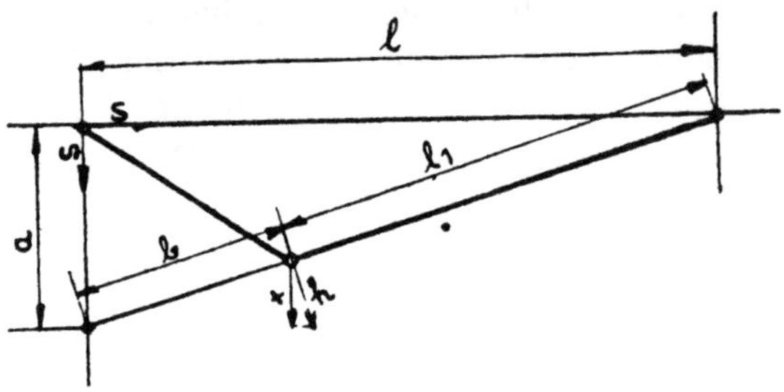

Fig. 61.

Entwickelung. Mit der Bezeichnung der Fig. 61 gilt, wenn die Lot-Verschiebungsanzeige x ist

$$h : s = l_1 : l \text{ oder } h = s\frac{l_1}{l}$$

ebenso

$$h : x = (b + l_1) : l \text{ oder } h = \frac{(b + l_1)}{l} x$$

Durch Gleichsetzung der Ausdrücke für h

$$\frac{l_1}{l} \cdot s = \frac{(b + l_1)}{l} x$$

woraus die Übersetzung $\ddot{U}_l = \frac{x}{s} = \frac{l_1}{b + l_1}$

2. Wagerechte Bewegung "s" des Angriffspunktes.

In ähnlicher Weise ermittelt sich für die Übersetzung der wagerechten Verschiebungs-Anzeige

$$\ddot{U}_w = \frac{x'}{s'} = \frac{b}{a} \cdot \frac{l}{(b + l_1)}$$

Für das Fadendreieck der Fig. 61 ermittelt sich aus den angegebenen Abmessungen:

Übersetzung der lotrechten Bewegung 0,64

„ „ wagerechten „ 2,20

Auf die oben mitgeteilten Ergebnisse angewandt:

Belastung in kg	Bewegung der Mitte nach unten in cm × 0,64	Lotrechte Verschiebung nach unten in cm	Unterschied nach unten	Unterschied nach oben
100	0,14	0,13	0,01	—
150	0,24	0,24	—	—
200	0,34	0,35	—	0,01
250	0,42	0,42	—	—
300	0,54	0,54	—	—

Die beobachtete Verschiebung des Fadendreieck-Lotes nach unten beträgt nach den oben mitgeteilten Ergebnissen 0,54 cm. Aus der beobachteten lotrechten Bewegung von 0,85 cm des Aufhängungspunktes und der berechneten Übersetzung 0,64 folgt eine Anzeige $0{,}85 \times 0{,}64 = 0{,}54$ cm. Danach würde die beobachtete Lotverschiebung allein der lotrechten Bewegung des Hebels zuzuschreiben sein. Wäre der von Gibson angegebene Einfluß z. B. in Größe von 1 Prozent Änderung im Verdrehungswinkel vorhanden gewesen, so hätte bei der Verwindung von $45^\circ = 0{,}785$ Bogenmaß, 25 cm Entfernung des Angriffspunktes des Dreieckes von Drahtmitte und der Übersetzung 2,2 der wagerechten Bewegung eine Verschiebung von

$$0{,}785 \cdot \frac{1}{100} \cdot 25 \cdot 2{,}2 = \mathbf{0{,}43\ cm}$$

nach oben eintreten müssen; beobachtet wurde eine Gesamtbewegung nach unten von **0,54** cm, die nach der Rechnung allein der lotrechten Bewegung des Hebels entspricht.

Trotz dieser direkten Verneinung des Einflusses der Axial-Belastung auf die Größe des Verdrehungswinkels durch den mitgeteilten Versuch, hegte ich doch Zweifel über die Annehmbarkeit derselben, da die berechneten Übersetzungen leicht einen Fehler einschließen konnten. Ein gänzliches Fehlen der Winkeländerung konnte schon aus dem Umstande nicht angenommen werden, weil wenigstens eine Bewegung des Lotes nach unten erfolgen mußte, die einer Vergrößerung des Verdrehungswinkels infolge der Schwächung des verwundenen Drahtes durch die Längung und die Querzusammenziehung entsprach, da das Drehmoment unveränderlich bleibt [9]. Dieser Unstimmigkeit zufolge ging ich bei den Hauptversuchen in folgender Weise vor:

[9]) **Ein solcher Einfluß der Deformation wird durch die Untersuchungen von Warburg Loc. cit., Lord Kelvin und M'Farlane Loc. cit. p. 82, bestätigt.**

Es gelangten nacheinander bei derselben Verwindung des Drahtes einmal ein sehr flaches Faden-Dreieck, das andere Mal ein sehr spitzes Faden-Dreieck zur Anwendung. Bei vollkommener Symmetrie in der Anordnung (nur Unterschied in Höhen) fielen dann die Übersetzungen der lotrechten Bewegung mit

$$\frac{l_1}{b+l_1} = \frac{l_1}{2\,l_1} = \frac{1}{2}$$

gleich aus.

Da für denselben Draht und gleiche Belastungen die lotrechte Bewegung gleich gesetzt werden konnten, so mußte die erfolgte wagerechte Bewegung s' des Hebels als Folge einer Änderung des Verdrehungswinkels sich berechnen lassen aus

$$s' = \frac{A_f - A_s}{\ddot{U}_{wf} - \ddot{U}_{ws}}$$

Worin bedeuten:

A_f = Beobachtete Ablesung der Lotverschiebung für flaches Faden-Dreieck.

A_s = Beobachtete Ablesung der Lotverschiebung für spitzes Faden-Dreieck.

$\ddot{U}_{wf}$, $\ddot{U}_{ws}$ = den entspr. Übersetzungen für die wagerechte Bewegung.

Es ist nämlich nach dem Bisherigen

$$A_f = s' \times \ddot{U}_{wf} + s \times \ddot{U}_{lf}$$

und

$$A_s = s' \times \ddot{U}_{ws} + s \times \ddot{U}_{ls}$$

worin noch $\ddot{U}_{lf}$, $\ddot{U}_{ls}$ die Übersetzungen für die lotrechte Bewegung s für das flache bezw. spitze Dreieck bedeuten. Da ferner nach den Bedingungen der Versuche $\ddot{U}_{lf} = \ddot{U}_{ls}$; so folgt durch Subtraktion der beiden obigen Gleichungen

$$A_f - A_s = s' \,(\ddot{U}_{wf} - \ddot{U}_{ws})$$

$$s' = \frac{A_f - A_s}{\ddot{U}_{wf} - \ddot{U}_{ws}}$$

Auf diese Weise wird die lotrechte Bewegung, die für den Versuch störend wirkt, ausgeschaltet. Um jede Unsicherheit bei den Übersetzungen $\ddot{U}_{wf}$, $\ddot{U}_{ws}$ auszuschalten, habe ich mich zu deren Bestimmung der im Folgenden beschriebenen Vorrichtung bedient. (Vergl. Fig. 62.)

Dieselbe ermöglicht die Erzeugung zweier, genau zu einander rechtwinklig stehender Bewegungen, die sie auf 0,1 mm abzulesen gestattet. Die Verstellung erfolgte mittels der beiden rechts zu sehenden Mikrometerschrauben L und W; und zwar erzeugte L die lotrechte, W die wagerechte Verschiebung.

Der vertikale Teil der Anordnung bestand aus dem Support eines Parallelreißers mit Mikrometerverstellung und 0,1 mm Nonius-Ablesung.

Den horizontalen Teil gab eine Schieblehre ab, die ebenfalls Mikrometerverschiebung und 0,1 mm Nonius-Ablesung besaß. Die-

Fig. 62.

Fig 63.

selbe richtete ich auf einer Paßfläche des Anreißnadelsupports aus und befestigte sie mittels einer Klemmplatte und der aus Fig. 62 ersichtlichen Flügelschraube *F* des Nadelsupports.

Zur Einhängung des Fadens versah ich den einen Schenkel der Schieblehre (Fig. 62) mit einem Drahthäkchen *H*, welches ich mit Siegellack noch besonders befestigte.

Hauptversuche.

Die Hauptversuche gelangten an der zur Bestimmung von *G* (S. 119, 126) benutzten Versuchseinrichtung (vergl. Fig. 57 u. 59) zur Ausführung.

In der Fig. 63 ist die Anordnung im Bilde wiedergegeben (vergl. auch Fig. 59) und nach der vorhergehenden und auf S. 112 gegebenen Beschreibung ohne weiteres verständlich. Die Faden-Dreiecke brachte ich bei den Versuchen zu beiden Seiten der Schwungmasse an und erhielt gleichmäßige Werte. Die Abmessungen derselben sind in der Fig. 64 angegeben.

Die Übersetzungen $\ddot{U}_w$ der Dreiecke wurden für jede Belastung wie folgt ermittelt. Der in Fig. 62 gezeigte Apparat wurde dem Verdrehungshebel (vergl. Fig. 59) so gegenüber gebracht, daß das Häkchen *H* dem Angriffspunkt des Dreieckes genau gegenüber gebracht werden konnte. Hierauf wurde das Dreieck vom Hebel (vergl. Fig. 59) gelöst und an das Häkchen *H* (Fig. 62) gehängt; und *H* mittels der Mikrometerschraube *W* in wagerechter Richtung 1, 2 und 3 mm hin und zurück geschoben. Die entsprechenden Lotanzeigen gelangten gleichzeitig zur Ablesung. Sodann wurde das Dreieck ausgehängt und wieder am Hebel (Fig. 59) befestigt, worauf ich die folgende Belastung des Drahtes vornahm.

Versuchsergebnisse.

Dreieck Fig. 64 (rechts)

Belastung ∨ in kg ∧	Verschiebung der Mitte nach unten in cm	Lotanzeige in cm bei 45° Vorspannung	
		Flaches Δ	Spitzes Δ
100	0,23	0,20	0,13
150	0,38	0,39	0,23
200	0,54	0,49	0,32
250	0,69	0,65	0,41
300	0,85	0,79	0,49

Dreieck Fig. 64 (links)

Belastung in kg	Verschiebung der Mitte nach unten in cm	Lotanzeige in cm bei 45° Vorspannung	
		Flaches Δ	Spitzes Δ
100	0,22	0,17	0,12
150	0,38	0,33	0,22
200	0,53	0,43	0,30
250	0,69	0,56	0,39
300	0,85	0,67	0,48

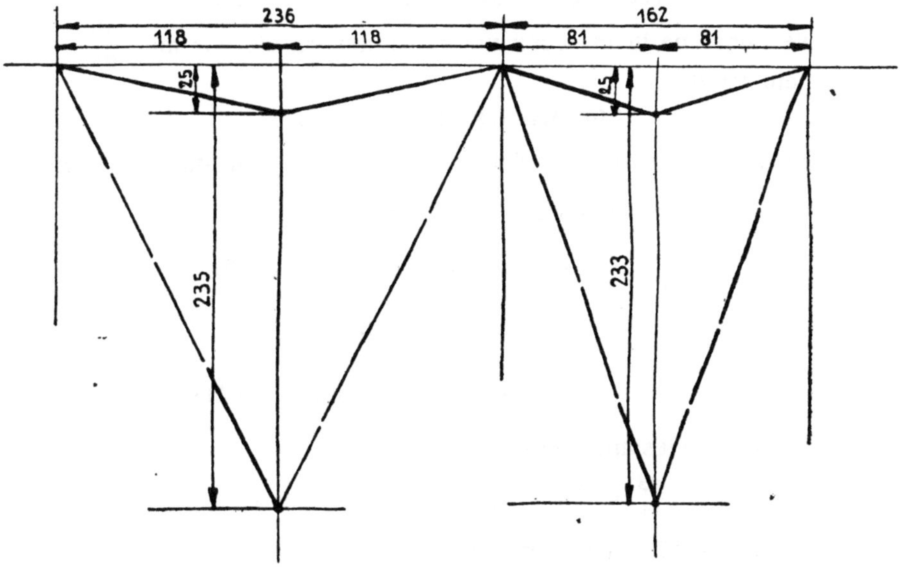

Fig. 64.

Mit Anwendung der obigen Gleichung für s' (S. 130) ergeben sich folgende Werte:

Belastung in kg	s' in cm aus: $A_f - A_s / \ddot{U}_{wf} - \ddot{U}_{ws}$ für d. Dreiecke d. Fig. 64	
	rechts	links
100	0,051	0,053
150	0,116	0,115
200	0,126	0,132
250	0,174	0,178
300	0,211	0,205

Da der Unterschied der Anzeigen $A_f - A_s$ positiv ist, also einer Verschiebung der Dreiecklote nach unten entspricht, so kann derselbe seinen Ursprung nur in einer Vergrößerung des Verdrehungswinkels infolge der Formänderung haben. Für die Berechnung von s' aus den Formänderungen ist das Drehmoment als konstant anzusehen. Nach den Versuchen zur Ermittelung von G kann auch dieses als gleichbleibend angesprochen werden. Die relative Änderung $\frac{\delta\Theta}{\Theta}$ des Verdrehungswinkels Θ durch Längsstreckung mit Querzusammenziehung ergibt sich für die 300 kg Belastung, z. B. wie folgt:

$$\text{Streckung} = 0{,}85 \text{ cm für } l = 182{,}5 \text{ cm.}$$

Die Zunahme in Θ, wenn nur l sich ändert, die wir mit $\frac{\delta\Theta_l}{\Theta_l}$ bezeichnen, ist dann

$$\delta\Theta_l/\Theta_l = 0{,}85/182{,}5 = 0{,}0047$$

Die Änderung, die Θ erleidet, wenn nur d sich ändert, dieselbe soll mit $\frac{\delta\Theta_d}{\Theta_d}$ bezeichnet werden, ist mit

$$\frac{\delta d}{d} = \frac{3}{10} \cdot 0{,}0047 = 0{,}0014 \text{ (vergl. S. 112)}$$

gleich

$$\frac{\delta\Theta_d}{\Theta_d} = 4\,\frac{\delta d}{d} = 0{,}0056, \text{ da}$$

$$\frac{\delta\Theta_d}{\Theta_p} = 4\,\frac{\delta I_p}{I_p} = 4\,\frac{\delta d}{d} \text{ (vergl. S. 121)}$$

Mithin die Gesamtänderung:

$$\frac{\delta\Theta}{\Theta} = \frac{\delta\Theta_l}{\Theta_l} + \frac{\delta\Theta_d}{\Theta_d} = \mathbf{0{,}0103} \sim 1 \text{ v. H.}$$

Bei $45° = 0{,}785$ (Bogenmaß) Verwindung und $R = 25$ cm Entfernung des Angriffspunktes des Fadendreieckes von Drahtmitte ist:

$$s' = \Theta_{45°} \cdot \frac{\delta\Theta}{\Theta} \cdot R = 0{,}785 \cdot 0{,}0103 \cdot 25 = 0{,}201 \text{ cm.}$$

Die einzelnen für s' berechneten Werte sind in der anschließenden Tabelle zusammengestellt.

Belastung in kg	$\delta\Theta_l/\Theta_l$ +	$\delta\Theta_d/\Theta_d$ =	$\delta\Theta/\Theta$	s' in cm berechnet aus $\Theta_{45°}\ \delta\Theta/\Theta \cdot R = 0{,}785\ \delta\Theta/\Theta \cdot 25$ cm
100	0,0012	0,0015	0,0027	0,053
150	0,0021	0,0025	0,0046	0,099
200	0,0029	0,0035	0,0064	0,126
250	0,0038	0,0045	0,0083	0,166
300	0,0047	0,0056	0 0103	0,201

Genauigkeit für die Anzeige der wagerechten Bewegung.

Die Lotbewegung kann auf 0,1 mm geschätzt werden, dabei kann ein Fehler von 0,3 mm unterlaufen. Dem entspricht eine wagerechte Bewegung s' von $\frac{0,3}{Ü_w}$ mm.

Aus der nach S. 132 erfolgten Eichung ermittelt sich für die 200 kg Belastung bei den Dreiecken, Fig. 64 links, z. B. (vergl. nebenstehende Tabelle) $Ü_{wf}$ zu 1,17 und $Ü_{ws}$ zu 0,22, dem ein s' von 0,255 mm bezw. 1,35 mm entspricht.

Daraus folgt $\delta\Theta$ im Bogenmaß für:

$$\text{flaches Dreieck} = \frac{0,255}{250} = 0,00102$$

$$\text{spitzes Dreieck} = \frac{1,35}{250} = 0,0054$$

oder in Grad ausgedrückt:

0,0585° und 0,309°.

Daher Genauigkeit für flaches Dreieck bei 45° Verwindung $\frac{0,0585}{45} = 0,0013$ oder **1,3 p. M.**; für spitzes Dreieck unter gleichen Verhältnissen $\frac{0,309}{45} = 0,0069$ oder **6,9 p. M.**

Bestimmung von G auf statischem Wege.

Nach der auf Seite 108 angegebenen Gleichung folgt

$$G = \frac{M_d L}{\Theta I_p}$$

Das Drehmoment M_d kann aus der Übersetzung und der Dreieckbelastung wie folgt bestimmt werden:

Bezeichnet P die horizontale Komponente der im Faden wirkenden Kraft, und bedeutet Q die letztere erzeugende Belastung des Fadendreiecks, so ist nach dem Satze von der mechanischen Arbeit:

$$P \times s' = Q \times x' \quad \text{(vergl. S. 128)}$$

oder

$$P = Q \cdot \frac{x'}{s'}$$

nach S. 128 ist aber $x'/s' = Ü_w$, mithin

$$P = Q \cdot Ü_w$$

Da P am Hebelarm R wirkt, ist

$$M_d = P \cdot R = Q \cdot Ü_w \cdot R$$

zu setzen.

Die Größen L und I_p sowie Θ sind in der folgenden Tabelle angegeben.

Dreieck Fig. 64 (rechts)
Belastung $Q =$ 19 gr. für flaches Dreieck
Belastung $Q =$ 100 gr. für spitzes Dreieck

Belastung in kg	$\ddot{U}_w$ F-Δ	$\ddot{U}_w$ S-Δ	M_d aus $Q \cdot \ddot{U}_w \cdot R$ in kg/cm	L in cm	I_p cm⁴	Θ in Bogenmaß	G kg/cm²
27,5	1,16	0,220	0,55	182,50	0,0001575	0,7850	814000
100	1,16	0,220	0,55	182,73	0,0001571	0,8770	813000
150	1,17	0,220	0,55	182,88	0,0001570	0,7897	813000
200	1,17	0,220	0,55	183,04	0,0001569	0,7901	814000
250	1,18	0 225	0,56	183,19	0,0001568	0.7920	820000
300	1,18	0,224	0,56	183,35	0,0001567	0,7933	820000

(Vergl. Fig. 65.)

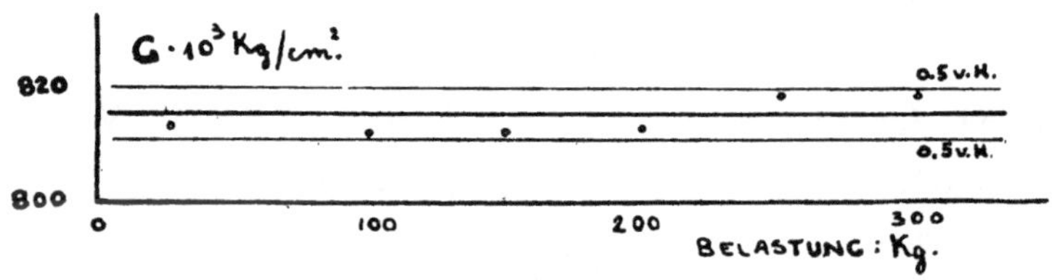

Fig. 65.

Genauigkeit der Bestimmung von G auf statischem Wege.

Mit Einführung von $M_d = PR$ (vergl. oben)

$$G = \frac{P \cdot R \cdot L}{\Theta I_p}$$

folgt für den relativen Fehler (vergl. S. 121)

$$\pm \frac{\delta G}{G} = \left\{ \left(\frac{\delta P}{P} + \frac{\delta R}{R} + \frac{\delta L}{L} \right) - \left(\frac{\delta \Theta}{\Theta} + \frac{\delta I_p}{I_p} \right) \right\}$$

Da P nach Seite 121 gleich $Q \cdot \ddot{U}_w$, so ist

$$\frac{\delta P}{P} = \left(\frac{\delta Q}{Q} + \frac{\delta \ddot{U}_w}{\ddot{U}_w} \right).$$

Zu $\frac{\delta L}{L}$ bezw. $\frac{\delta \Theta}{\Theta}$ kommt noch wie auf Seite 121 der zusätzliche Fehler $\frac{\delta \lambda}{L}$ bezw. $\frac{\Delta \Theta}{\Theta}$. In die Fehlergleichung eingesetzt, ergibt dieses ganz analog wie auf S. 121:

$$\pm \frac{\delta G}{G} = \left\{ \frac{\delta Q}{Q} + \frac{\delta U_w}{U_w} + \frac{\delta R}{R} + \frac{\delta L}{L} + \frac{\delta \lambda}{L} \right\} - \left\{ \frac{\delta \Theta}{\Theta} + \frac{\Delta \Theta}{\Theta} + \frac{\delta I_p}{I_p} \right\}$$

Da bei der Bestimmung von $\ddot{U}_w$ (vergl. S. 130) die wagerechte sowie die lotrechte Bewegung je auf 0,1 mm, also mit gleicher Genauigkeit gemessen werden, so ist $\frac{\delta \ddot{U}_w}{\ddot{U}_w} = 0$ zu setzen; für $\frac{\delta J_p}{J_p}$ kann nach S. 121 $4 \frac{\delta d}{d}$ geschrieben werden.

Wir stellen jetzt ähnlich wie auf S. 121 die Fehlergleichung auf; zugleich werden wie auf S. 121 diejenigen Fehler unterstrichen, die nur einmal begangen sind, mithin

$$\frac{\delta G}{G} = \underline{\frac{\delta Q}{Q}} + \underline{\frac{\delta R}{R}} + \underline{\frac{\delta L}{L}} + \frac{\delta \lambda}{L} - \underline{\frac{\delta \Theta}{\Theta}} - \frac{\Delta \Theta}{\Theta} - 4 \underline{\frac{\delta d}{d}}$$

Der Fehlerrechnung sollen die folgenden Genauigkeitsgrade zugrunde gelegt werden:

$\frac{\delta Q}{Q} = 0{,}000525$ $Q =$ $\delta Q = 0{,}010$ gr
Flaches Dreieck Fig. 64 (rechts)
$= 0{,}0001$ 19 gr
Spitzes Dreieck Fig. 64 (rechts) 100 gr

$\frac{\delta R}{R} = 0{,}0008$ $R = 25$ cm, $\delta R = 0{,}02$ cm

$\frac{\delta L}{L} = 0{,}0001095$ $L =$ $\delta L = 0{,}02$ cm

	27,5 kg Bel.	182,5 cm	
$\frac{\delta \lambda}{L} = 0{,}000165$	100 „ „	182,73 cm	$\delta \lambda = 0{,}03$ cm
$= 0{,}0001641$	150 „ „	182,88 „	
$= 0{,}0001638$	200 „ „	183,04 „	
$= 0{,}0001635$	250 „ „	183,19 „	
$= 0{,}0001632$	300 „ „	183,35 „	

$\frac{\Theta}{\Theta} = 0{,}0111$ $\Theta = 45^0$; $\delta\Theta = 0{,}5^0$

$\frac{\Delta \Theta}{\Theta} =$ nach S. 134 Flaches Dreieck Fig. 64 (rechts) 0,0013
Spitzes „ „ 64 „ 0,0069

$\frac{\delta d}{d} = 0{,}005$ $d = 2$ mm; $\delta d = 0{,}01$ mm.

Die Summe der einmal begangenen Fehler beträgt hiernach:

Flaches Dreieck Fig. 64 (rechts)

$$\frac{\delta Q}{Q} = 0{,}000525$$
$$\frac{\delta R}{R} = 0{,}0008$$
$$\frac{\delta L}{L} = 0{,}0001095$$
$$\frac{\delta \Theta}{\Theta} = 0{,}0111 \quad -$$
$$4\frac{\delta d}{d} = 0{,}020 \quad -$$
$$\overline{0{,}0296655 -} \text{ oder } -2{,}967\,\%_0.$$

Spitzes Dreieck Fig. 64 (rechts)

$$\frac{\delta Q}{Q} = 0{,}0001$$

$$\frac{\delta R}{R} = 0{,}0008$$

$$\frac{\delta L}{L} = 0{,}0001095$$

$$\frac{\delta \Theta}{\Theta} = 0{,}0111 \quad -$$

$$4\,\frac{\delta d}{d} = 0{,}020 \quad -$$

$$\overline{0{,}0300905 -} \quad \text{oder} \quad -\mathbf{3{,}009}\,\%.$$

Diese Fehler sind allein von Bedeutung für die absolute Größe von G. Die Summe der neu begangenen Fehler beträgt:

Flaches Dreieck Fig. 64 (rechts)
27,5 kg Belastung
$= 0$
100 kg Belastung

$$\frac{\delta \lambda}{L} = 0{,}000165$$

$$\frac{\Delta \Theta}{\Theta} = 0{,}0013 \quad -$$

$$\overline{0{,}001135 -}$$

oder $-\mathbf{0{,}114}\,\%$

Spitzes Dreieck Fig. 64 (rechts)
27,5 kg Belastung
$= 0$
100 kg Belastung

$$\frac{\delta \lambda}{L} = 0{,}000165$$

$$\frac{\Delta \Theta}{\Theta} = 0{,}0069 \quad -$$

$$\overline{0{,}006735 -}$$

oder $\mathbf{0{,}674}\,\%$.

Da die Fehler für die weiteren Belastungen erst in der siebenten Dezimale Unterschiede gegenüber den angegebenen Fehlern aufweisen, erübrigt es sich, dieselben hier aufzuführen. Obige Fehler sind allein von Bedeutung für die Untersuchung von G.

Verlängerung der Fäden, Temperatur- und Feuchtigkeits-Einflüsse.

Da ich für jeden Versuch die Nullstellungen besonders bestimmte, sind diese Einflüsse von sehr untergeordneter Bedeutung. Jeder Versuch konnte in einem Zeitraum von 20 Minuten erledigt werden und in dieser Zeit war eine Änderung weder der Feuchtigkeit noch der Temperatur zu erwarten.

Wie gering die oben genannten Einflüsse sind, zeigte der folgende übermäßig scharfe Versuch. Ein 6 - Draht, Nr. 40, Stück Garn von etwa 50 cm freier Länge belastete ich mit 125 g. Nach der ersten Stunde hatte es sich um 0,14 mm gestreckt, in der folgenden Stunde um 0,10 mm und nach 19 folgenden Stunden um 9,50 mm. Der Faden hatte sich jedoch dabei stark aufgedreht und seinen Drall verloren.

Derselbe Faden, stark befeuchtet, streckte sich in einer Stunde um 0,42 mm. Bei den Versuchen ist die Fadenbelastung von 120 g nicht überschritten worden und ein Aufdrehen der Fäden nur in sehr bescheidenem Maße möglich gewesen.

Zusammenfassung.

1. Es wird nach zwei unabhängigen Methoden gezeigt, daß eine Änderung des Verdrehungswinkels infolge einer Axialbelastung nur insofern eintritt, als letztere den Draht schwächt. Einen Einfluß auf den Gleitmodul hat eine Axialkraft nicht. Es wird somit das Gesetz von der ungestörten Superposition der Einzelwirkungen unterhalb der Proportionalitätsgrenze in vollem Umfange bestätigt.

2. Es gelangt ein einfaches Verfahren zur Mitteilung, welches die Beobachtung kleiner Deformationen, Bewegungen oder Kräfte mit großer Genauigkeit ermöglicht.

Kurze Übersicht der Literatur

über

Vibrations- oder Schwingungserscheinungen auf Dampfern, Torsionsindikatoren (Wellen-PS-Messer) und Schubmesser (Schiffswiderstandsmesser).

I. Schwingungen.

S c h l i c k : Vibrationserscheinungen der Dampfer, Z. d. V. d. I. 1905. — Die Untersuchung der Vibrationserscheinungen bei Dampfern (Buch. Leipzig). — Engineering 05, P. 189 und 274 f. Transactions Inst. Naval Architects: On the Vibrations of Steam Vessels 1884. On an Apparatus for Measuring and Registering Vibrations of Steamers, 1893 (auch 1894). On Vibrations of Higher Order in Steamers 1895. Pallograph von S. Z. d. V. d. I. 1894.

G ü m b e l : Jahrbuch der Schiffbautechnischen Gesellschaft 1901 S. 266 f Ebene Transversalschwingungen freier stabförmiger Körper mit variablem Querschnitt und beliebiger symmetrischer Massenverteilung unter der Einwirkung periodischer Kräfte mit spezieller Berücksichtigung der Schwingungsprobleme des Schiffbaues.

K r i l o f f : Ueber die erzwungenen Schwingungen von gleichförmigen elastischen Stäben. Math. Ann. 61 (1905).

F ö t t i n g e r : Ueber Torsionsindikatoren usw. Jahrbuch der Schiffbautechnischen Gesellschaft 1903 S. 441 f., 1905 S. 135 f. Z. d. V. d. I. 1902 S. 1868. Mitteilungen über Forschungsarbeiten 1905, Heft 25. Engineering 25, January 1906. Bulletin de la Société d'encouragement pour l'industrie nationale, Février 1906, P. 267 f.

F r a h m : Neue Untersuchungen über die dynamischen Vorgänge in den Wellenleitungen von Schiffsmaschinen, mit besonderer Berücksichtigung der Resonanzschwingungen. Z. d. V. d. I. 1902 S. 797, und Mitteilungen über Forschungsarbeiten. Vergl. auch Gümbel, Torsionas Vibrations of Shafts (Inst. Naval Architects), Engineering 1902 P 472 f.

B a u e r : Periodische Schwankungen in der Umdrehungszahl der Wellen bei Schiffen. Jahrbuch der Schiffbautechnischen Gesellschaft und Z. d. V. d. I. 1899 S. 1574. ' Jahrbuch der Schiffbautechnischen Gesellschaft 1900 Seite 311 f.

B e r l i n g : Schiffsschwingungen, ihre Ursachen und Kritik der Mittel zu ihrer Verminderung. Z. d V. d. I. 1899 S. 981 f. Jahrbuch der Schiffbautechnischen Gesellschaft 1901 S. 373 f.

Mallock: A Method of Preventing Vibration in Certain Classes of Steamships. Trans. Inst. Naval Architects, April 14, 1905. Ref. Engineering 1905, Preventing Vibration in Steamships, P. 685 f.

Wehmeyer, Ref. Engineering, March 13 1908 P. 351. Vibrations on Board Ship. (International Congress Naval Architects, Bordeaux.)

The Vibrations of Ships and the Use of a Dynamical Model for Determining the Elasticity of Ships. Inst. Naval Architects, March 31 1909. (Engineering, May 2 1909 P. 452, The Vibrations of Ships.)

Heck: Notes on the Variation of Angular Velocities in the Shafting of Marine Engines. Trans. Inst. Naval Architects, April 14 1905. Ref Engineering 1905: Recording Angular Velocities of Marine Shafting, P. 685 f.

H. Lorenz: On the Uniformity of Turning Moments of Marine Engines. Transactions Inst. of Naval Architects 1900. Dynamik der Kurbeltriebe. Leipzig 1901.

Zeitschrift „Die Turbine" 1909 S 177 f.: Vibrationen auf Passagierdampfern.

Sporleder: Graphische Behandlung der Propeller Zeitschrift „Die Turbine" 1909 S. 23 f.

Haeußler: Ueber Schiffsschrauben mit zitternder Bewegung. Zeitschrift „Die Turbine" 1909 S. 449 f.

Siehe auch: Literatur und Anmerkungen bei

Hort: Technische Schwingungslehre. 1910.

II. Torsionsindikatoren.

Gramberg: Technische Messungen. 1910.

Hirn: Les Pandynamomètres, Paris 1876. La Lumière électrique, 29 Juillet 1882, P. 103. Annales des Mines, Pandynamomètre de Torsion. Pandynamomètre de Flexion, 1873, Mémoire présenté à la Société industrielle de Mulhouse und Fachzeitschriften derselben Zeit.

Jervis-Smith: A New Method of Measuring the Torsional Angle of a Rotating Shaft or Spiral Spring. Phil. Mag. Feb. 1898. A Torsion Ergometer (Dynamometer). A Differential Gear for Reading the Torsional Angle of a Shaft or Solenoidal Spring Coil, Used in the Dynamometric Testing of Screw Propellers and Mechanical Integrator, 22 P. 11, Descriptive Catalogue Royal Soc., May 2, 1894.

Denny: Inst. Naval Arch., 21. May 1907. Journal of the Am. Soc. Naval Engineers, May 1907. Engineering 1905 (April 7th). Z. d. V. d. I. 1907 S. 1044 (Hopkinson & Thring); 1908 S. 679, Neuere Torsionsmesser; Fottinger hierzu S. 937. Engineering, London, 14. June 1907, P. 768 (Hopkinson & Thring); 7. Febr. 1908 (Garner, Bevis-Gibson). Revue de Mécanique: Tome XXVI Nr. 2, 1910, Torsionsindikatoren, P. 146 f. Propellerschubmessung, P. 168 f.

Buffet: Some Types of Torsion-Meters, Power and the Engineer, July 19, 1910, P. 1289.

Gibson: Torsion-Meters, as Applied to the Measurement of the Horse-Power of Marine Steam Turbines. Proc. North East Coast Inst. of Eng.

and Shipbuilders, Newcastle-upon-Tyne, Jan. 24, 1908. Torque of Propeller Shafting: Some Investigations and Results. Inst. Naval Architects, March 21, 07. (Bulletin de la Société d'encouragement pour l'industrie nationale, Février 1908, P. 282 f.)

„The Engineer" (London):

I. The Mechanical Efficiency of Marine Engines, 1908, P. 505,

II. „ „ „ „ „ „ 1908, P. 614,

III. „ „ „ „ „ „ 1909, P. 77.

Measurement of the Engine Power by Torsionmeters 1909, P. 186.

Torsion Meters (Edgecombe) 1908, P 558,

Some Investigations With a New Form of Torsion-Meter, 1909, P. 471 (Denny-Edgecombe).

(Zeitschrift für das gesamte Turbinenwesen, 1910, S. 28.)

Heck: Note on a Mechanical Method of Determining the Thrust of Propellers, Inst. of Naval Architects, April 1, 1909. (The Determination of the Thrust of Propellers, Engineering, 1909, P. 500.)

Hopkinson: Notes on the Measurement of Shaft Horse-Power: Relation between Twist and Torque, Inst. of Naval Architects, March 18, 1910. (The Measurement of Shaft Horse-Power, Engineering 1910, P. 429 f.)

Dalby: Vibration Problems in Engineering (Engineering 1905, P. 386).

Besonderes Interesse bieten noch die von Gümbel, Mallock, Schlick und anderen angegebenen Modelle zum Studium der Schiffsschwingungen.

Holzer: Die Berechnung der Drehschwingungen und ihre Anwendung im Maschinenbau, 1921.

Wydler: Drehschwingungen in Kolbenmaschinenanlagen und das Gesetz ihres Ausgleiches, 1922.

Tolle: Regelung der Kraftmaschinen, 1921.

Bei Fragen zur Produktsicherheit wenden Sie sich bitte an:
If you have any questions regarding product safety,
please contact:

Walter de Gruyter GmbH
Genthiner Straße 13
10785 Berlin
productsafety@degruyterbrill.com